Praktikum der Elektrochemie

Praktikum der Elektrochemie

Von

Professor Dr. Franz Fischer

Vorsteher des elektrochemischen Laboratoriums
der Kgl. Technischen Hochschule Berlin

Mit 40 Textfiguren

Springer-Verlag Berlin Heidelberg GmbH
1912

ISBN 978-3-662-40596-3   ISBN 978-3-662-41074-5 (eBook)
DOI 10.1007/978-3-662-41074-5

Vorwort.

Das vorliegende „Praktikum der Elektrochemie" ist eine Zusammenstellung von Übungsbeispielen, wie ich sie im Laboratorium für Elektrochemie der Technischen Hochschule Berlin im letzten Jahre eingeführt habe.

Der Zweck dieses Praktikums ist, die typischsten Teile der theoretischen und praktischen Elektrochemie durch Beispiele zu erörtern. Dabei wird aber der Versuchsbeschreibung so viel Theorie und erläuternder Text vorausgeschickt, daß die Praktikanten sich über Zweck und Bedeutung des betreffenden Versuches leicht und vollkommen klar werden können.

Diese letztere Möglichkeit ist insbesondere für diejenigen wichtig, die, wie die Mehrzahl der Chemiker, nur Zeit haben, während eines Semesters an zwei halben Tagen das Praktikum zu besuchen. Ebenfalls damit die Praktikanten ohne unnützes Warten auf Instruktion und Apparate sofort mit ihren Experimenten beginnen können, nachdem sie Besprechung und Ausführung durchgelesen haben, sind im hiesigen Laboratorium in besonderem Raume die einzelnen Plätze für je eine Übungsaufgabe mit allem Zubehör ausgerüstet. Dadurch fällt das zeitraubende Ausgeben und Zurücknehmen der Apparate weg.

Die Verwendung von Platin ist auf das äußerste eingeschränkt, auf das Sparen an Spannung wird hingewiesen, auch durch Kostenberechnungen werden wirtschaftliche Gesichtspunkte berührt. Die von mir getroffene Auswahl an Übungsbeispielen ist natürlich bis zu einem gewissen Grade Geschmacksache; ich habe mich auf die lehrreichsten beschränkt und darauf gesehen, daß sie mit möglichst einfachen Mitteln und in 2—3 Stunden durchführbar sind. 220 und 8 Volt-Gleichstromleitungen und transportable Akkumulatoren dürften heute überall vorhanden sein.

Nach Beendigung der einzelnen Versuche werden, um den Lehrzweck nicht zu gefährden, alle Drahtverbindungen wieder auseinander genommen. Das Zubehör findet sich in diesem Buche bei jeder Aufgabe angegeben. Alle Chemikalien und Lösungen werden vorrätig gehalten, und letztere brauchen nur eventuell verdünnt zu werden. Ein Verzeichnis derselben befindet sich als Tabelle 14 am Schlusse des Buches.

Wer speziell Elektrochemiker werden will, wird seine Kenntnisse durch das Studium eingehenderer Werke vervollständigen und sei zur Erweiterung seines präparativen Könnens auf das Buch von K. Elbs: „Übungsbeispiele für die elektrolytische Darstellung chemischer Präparate" verwiesen.

Zum Schlusse möchte ich den Herren Assistenten Dr.-Ing. Stecher, Dr. phil. Schirm und besonders Herrn Dr. phil. Lepsius für ihre unermüdliche Mitarbeit meinen herzlichen Dank aussprechen.

Charlottenburg, im August 1912.

Franz Fischer.

Inhaltsverzeichnis.

Inhaltverzeichnis.

II. Tabellen.

A. Abscheidung und Wanderung bei der Elektrolyse.

1. Faradays Gesetz. Äquivalenz der Kathodenprodukte. Anwendung des Gesetzes zur Eichung von Instrumenten und zur Äquivalentgewichtsbestimmung. Benutzung eines Kupfer-, eines Blei- und eines Knallgascoulometers.

Besprechung. Wenn ein Strom hintereinander verschiedene Elektrolyte, z. B. $AgNO_3$, $CuSO_4$, $SbCl_3$ gleich lange und mit gleicher Stärke durchfließt, so stehen die an den drei Kathoden abgeschiedenen Stoffmengen untereinander im Verhältnis der Äquivalentgewichte.

Dasselbe gilt für die Produkte an den Anoden. Ferner stehen auch Anodenprodukt und Kathodenprodukt im Verhältnis der Äquivalentgewichte.

Die Menge der entstehenden Produkte ist der durchgesandten Elektrizitätsmenge proportional, und zwar wird zur Abscheidung eines Grammäquivalents jedes beliebigen Stoffes stets dieselbe Elektrizitätsmenge, nämlich $F = 96\,540$ Coulombs oder Ampèresekunden $= 26{,}8$ Ampèrestunden gebraucht. Letztere scheiden also ab: $108 \text{ g Ag}^{\cdot}$, $\dfrac{63{,}56}{2} = 31{,}78 \text{ g Cu}^{\cdot\cdot}$, $\dfrac{120{,}2}{3} = 40{,}07 \text{ g Sb}^{\cdot\cdot\cdot}$.

Das Gesetz von Faraday ist ein fundamentales Naturgesetz ohne jede Ausnahme und entspricht dem Gesetz von der Konstanz der Gewichtsverhältnisse in der Chemie (Daltonsches Gesetz).

Scheinbare Ausnahmen: $26{,}8$ Ampèrestunden können z. B. in schwach saurer Lösung statt eines ganzen Grammäquivalents Zink nur 95 % eines solchen abscheiden. Statt der fehlenden 5 % Zink sind dann, wie sich leicht feststellen läßt, 5 % eines Grammäquivalentes Wasserstoff abgeschieden worden.

In Summa sind also doch ein ganzes Grammäquivalent Ionen zur Entladung gekommen.

Volumina der abgeschiedenen Gase: $26{,}8$ Ampèrestunden scheiden ca. 1 g Wasserstoff ab. Das Grammolekül H_2

wiegt ca. 2 g und nimmt wie alle Grammoleküle bei 0^0 C und einem Druck von 760 mm Hg ein Volumen von 22,4 Liter ein.

26,8 Ampèrestunden scheiden demnach 11,2 Liter Wasserstoff und am andern Pole 5,6 Liter Sauerstoff, an beiden Polen zusammen also 16,8 Liter Knallgas ab.

Zubehör. 8-Volt-Leitung. — 1 Ampèremeter bis 1,2 Amp. — 1 Regulierwiderstand von 20 Ohm. — 1 Normalwiderstand von 1 Ohm. — 1 Präzisionsmillivoltmeter. — 1 Kupfercoulometer. — 1 Bleicoulometer. — 1 Knallgascoulometer mit Glasschale und Eudiometerrohr. — Kieselfluorwasserstoffsaure Bleilösung (190 g $PbCO_3$, 820 ccm technische H_2SiF_6, spez. Gew. 1,24, zu 1 L mit Wasser aufgefüllt). — Öttelsche Lösung (125 g $CuSO_4 + 5 H_2O$; 50 g H_2SO_4; 50 g Alkohol; 1000 g H_2O). — Verdünnte Salpetersäure. — 9 Leitungsdrähte.

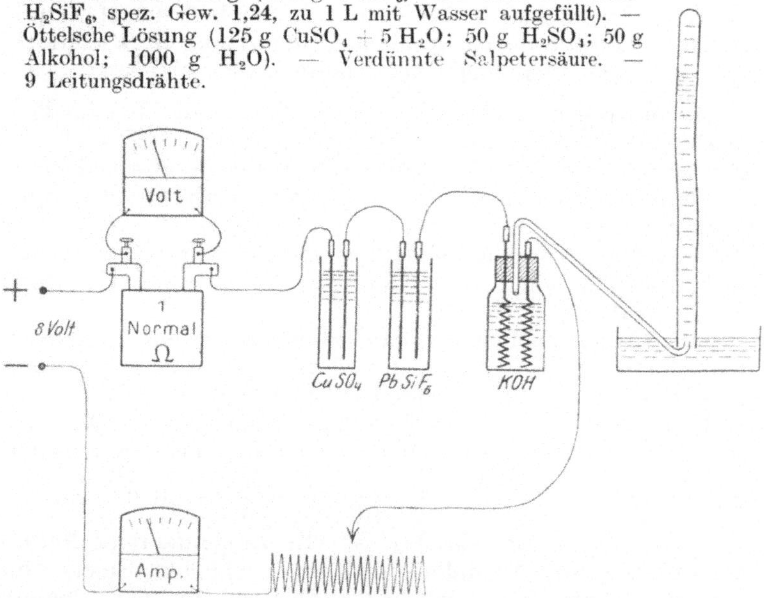

Fig. 1.

Ausführung. (Fig. 1.) Die Stromstärke in dem Stromkreis wird dauernd durch ein Ampèremeter kontrolliert, sie soll 0,5 Amp. betragen. Der Strom durchfließt ferner einen Normalwiderstand von 1 Ohm. Durch Anschalten eines Präzisionsmillivoltmeters an die Enden von diesem Ohm erfährt man aus den abgelesenen Volt auf Grund des Ohmschen Gesetzes die Stromstärke in dem Stromkreis. Denn

$$i = \frac{e}{w}, \text{ hier ist } w = e, \text{ also } i = e$$

In dem Stromkreis befinden sich ferner ein Kupfer-, ein Blei- und ein Knallgascoulometer hintereinandergeschaltet. Die Kathodenflächen des Kupfer- und des Bleicoulometers müssen so bemessen sein, daß die kathodische Stromdichte ($=$ Stromstärke pro qdm der Oberfläche, also $\dfrac{i}{\text{Zahl der qdm}}$) im Cu-Coulometer zwischen 0,5 und 3 Amp. und im Pb-Coulometer zwischen 0,14 und 14 Amp. pro qdm liegt, sonst zeigen die Coulometer infolge von Nebenvorgängen nicht genau. Die Kathodenbleche der beiden Coulometer werden vor dem Versuch mit verdünnter Salpetersäure abgebeizt, gewaschen, getrocknet und gewogen. Das Kupfercoulometer ist gefüllt mit Öttelscher Lösung (125 g $CuSO_4 + 5\,H_2O$; 50 g H_2SO_4 (konz.); 50 g Alkohol; 1000 g H_2O). Das Bleicoulometer enthält eine Lösung, die erhalten wird, wenn man 190 g $PbCO_3$ in 820 ccm technischer H_2SiF_6-Lösung vom spez. Gew. 1,24 löst und zu einem Liter mit Wasser auffüllt.

Das Knallgascoulometer enthält chlorfreie 15 proz. NaOH-Lösung und Nickelelektroden; sein Gasentwicklungsrohr wird zur Kontrolle der Stromstärke so lange unter das Eudiometer gebracht, bis sich 50 ccm Knallgas entwickelt haben; die dazu erforderliche Zeit wird auf 1 Sekunde genau ermittelt.

Da 26,8 Amp-Std. an jeder Elektrode 1 Grammäquivalent abscheiden, entwickeln sie

$$1 \text{ g } H_2 + 8 \text{ g } O_2 = \frac{22,4}{2} \text{ Liter } H_2 + \frac{11,2}{2} \text{ Liter } O_2 =$$

$$16,8 \text{ Liter Knallgas}$$

Aus der zur Abscheidung der 50 ccm Knallgas erforderlichen Zeit läßt sich demnach die mittlere Stromstärke berechnen. Man vergleiche den hier erhaltenen Wert mit dem durch das Kupfercoulometer gefundenen.

Die Umrechnung des Knallgasvolumens auf 0^0, 760 mm und Trockenheit geschieht nach der Formel:

$$v_0 = v \, \frac{(b - h)}{760 \cdot \left(1 + \dfrac{1}{273}\,\Theta\right)}.$$

Darin bedeutet v_0 das reduzierte, v das abgelesene Volumen (50 ccm), b den Barometerstand, Θ die Temperatur des Gases, h die Tension des Wasserdampfes bei der Temperatur Θ (vgl. Tabelle 12).

Der Versuch wird nach genau einer Stunde abgebrochen, und die Kathoden der beiden Gewichts-Coulometer werden gewogen.

Man überzeuge sich davon, daß die abgeschiedene Cu-Menge und die entwickelte Knallgasmenge im Verhältnis der Äquivalentgewichte stehen (vgl. Tabelle 2) und berechne aus dem Äquivalentgewicht des Cu das des Pb nach der Gleichung:

$$\text{abg. Cu : abg. Pb} = 31{,}78 : x.$$

Da 26,8 Amp-Std. 1 Grammäquivalent oder 31,78 g Cu abscheiden, so läßt sich ferner aus der während der einen Stunde abgeschiedenen Gewichtsmenge Cu die vorhanden gewesene mittlere Stromstärke berechnen. Man vergleiche diese berechnete Stromstärke mit der durch das Amperemeter angezeigten (Korrektur des Amperemeters).

2. Faradays Gesetz.   Äquivalenz von Säure und Basis.

Besprechung.   Elektrolysiert man eine gesättigte Lösung von Kaliumsulfat, so werden an der Kathode Kaliumionen, an der Anode SO_4-Ionen entladen. Das Kalium wirkt auf das Wasser ein unter Bildung von Wasserstoff und Kalilauge nach der Gleichung:

$$2\,K + 2\,H_2O = 2\,KOH + H_2$$

Ferner wirkt das SO_4-Ion auf das Wasser ein und liefert Schwefelsäure und Sauerstoff nach der Gleichung:

$$SO_4 + H_2O = H_2SO_4 + \frac{O_2}{2}\,.$$

Es entstehen also bei der Abscheidung von zwei Grammäquivalenten Kalium zwei Grammäquivalente Kalilauge und zwei Grammäquivalente H_2, d. i. ein Grammolekül Wasserstoff.

An der Anode entstehen bei der Abscheidung von zwei Grammäquivalenten SO_4-Ionen, d. i. einem Grammion SO_4, zwei Grammäquivalente Schwefelsäure, d. i. ein Grammolekül, und zwei Grammäquivalente Sauerstoff, d. i. ½ Grammolekül Sauerstoff. (Vgl. Tabelle 2.)

Die entstehenden Produkte sind also alle unter sich äquivalent. Äquivalent mit ihnen sind nach dem Faradayschen Gesetz ebenfalls die Gasmengen, die in einem Knallgascoulometer entwickelt werden, wenn dasselbe von der gleichen Elektrizitätsmenge, in diesem Falle also von dem gleichen Strom durchflossen wird.

Die Richtigkeit des Gesagten kann man nun prüfen, wenn man dafür sorgt, daß die an der Anode entstehende Säure und die an der Kathode entstehende Basis voneinander getrennt bleiben, indem man als Anodenraum und als Kathodenraum je ein mit Kaliumsulfatlösung gefülltes zylindrisches Glasgefäß und als leitende Verbindung zwischen den beiden Gefäßen einen mit der gleichen Lösung gefüllten Glasheber benutzt. Nach Schluß der Elektrolyse kann man durch Titration feststellen, daß die im Kathodenraum entstandene Kalilauge zu ihrer Titration ebensoviel $^1/_{10}$ n. Schwefelsäure verbraucht, wie die im Anodenraum entstandene Säure $^1/_{10}$ n. Kalilauge zur Neutralisation erfordert. Ferner kann man aus dem Knallgasvolumen des Coulometers feststellen, daß, wenn dort 16,8 ccm Knallgas entwickelt worden sind (entstanden durch Durchgang von 96,54 Coulombs), dann im Anodenraum zur Titration der entstandenen Säure 10 ccm $^1/_{10}$ n. Lauge und zur Titration der Basis im Kathodenraum 10 ccm $^1/_{10}$ n. Säure nötig sind.

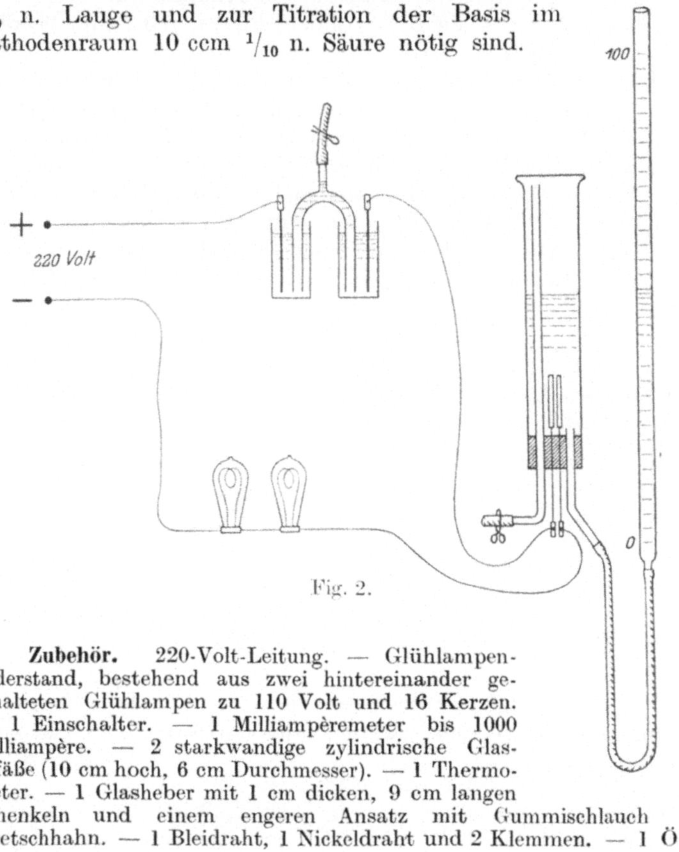

Fig. 2.

Zubehör. 220-Volt-Leitung. — Glühlampenwiderstand, bestehend aus zwei hintereinander geschalteten Glühlampen zu 110 Volt und 16 Kerzen. — 1 Einschalter. — 1 Milliampèremeter bis 1000 Milliampère. — 2 starkwandige zylindrische Glasgefäße (10 cm hoch, 6 cm Durchmesser). — 1 Thermometer. — 1 Glasheber mit 1 cm dicken, 9 cm langen Schenkeln und einem engeren Ansatz mit Gummischlauch und Quetschhahn. — 1 Bleidraht, 1 Nickeldraht und 2 Klemmen. — 1 Öttelsches Knallgascoulometer. — Gesättigte K_2SO_4-Lösung. — 2 Büretten. — $^1/_{10}$ n. Kalilauge und $^1/_{10}$ n. H_2SO_4. — Phenolphtalein. — 5 Drähte.

Ausführung. (Fig. 2.) Zwei zylindrische, 10 cm hohe und ca. 6 cm weite Glasgefäße werden zur Hälfte mit gesättigter Kaliumsulfatlösung gefüllt, dann werden sie durch einen Glasheber verbunden, und der Glasheber wird voll gesaugt. Es wird als Kathode ein Nickeldraht[1]), als Anode ein Bleidraht benutzt. In den Stromkreis kommt ferner ein Knallgascoulometer nach Öttel und ein Milliampèremeter bis 1000 Milliamp. Als Stromquelle dient die 220-Volt-Leitung, als Vorschaltwiderstand werden zwei hintereinandergeschaltete Glühlampen zu 110 Volt und 16 Kerzen verwendet.

Man elektrolysiert, bis etwa 50 ccm Knallgas im Coulometer entwickelt sind, was, da die Stromstärke ca. 0,3 Amp. beträgt, etwa 18 Minuten erfordert.

Man unterbricht dann den Strom, läßt den Heber auslaufen und zieht ihn heraus, indem man gleichzeitig mit dest. Wasser abspritzt. Dann titriert man den ganzen Inhalt des Anodenraumes unter Zusatz eines Tropfens Phenolphthalein mit $^1/_{10}$ n. Kalilauge; in der gleichen Weise titriert man den Inhalt des Kathodenraumes mit $^1/_{10}$ n. Schwefelsäure. Vorher vergewissert man sich, ob die zur Titration verwendeten Lösungen wirklich genau $^1/_{10}$ n. sind. Stimmen die Lösungen nicht genau überein, so merkt man sich den Titer.

Aus dem Volumen des entwickelten Knallgases berechnet man sich das Volumen, welches das trockene Gas unter Normal-Bedingungen, d. i. bei 760 mm Quecksilberdruck und 0^0 C, einnehmen würde, nach folgender Formel:

$$v_0 = v \frac{b - h}{760 \cdot \left(1 + \dfrac{\Theta}{273}\right)}.$$

In der Formel bedeutet b den Barometerstand, h bedeutet den Dampfdruck des Wassers (in Millimetern Quecksilber) über der verwendeten Natronlauge. (Siehe Tabelle 12.) Θ bedeutet die Temperatur des Gases im Coulometer in Celsius-Graden.

Der Vollständigkeit halber sei noch bemerkt, daß die Volumenablesung gemacht werden muß, nachdem man durch Heben oder

---

[1]) Blei als Kathode nimmt etwas Alkalimetall unter Legierungsbildung auf. Man findet dann beim Titrieren zu wenig Alkalihydroxyd.

Senken des Meßrohres den Flüssigkeitsspiegel im Meßrohr auf die gleiche Höhe wie im Coulometer gebracht hat, damit das Gas im Coulometer wirklich unter Atmosphärendruck steht. Aus dem Volumen Knallgas, das man auf Normal-Bedingungen reduziert hat, berechnet sich dann die Menge der Anzahl ccm $^1/_{10}$ n. Kalilauge, die man zur Titration der entstandenen Säure brauchen muß. Denn wenn sich 16,8 ccm Knallgas entwickeln, werden in der Kaliumsulfatlösung 10 ccm $^1/_{10}$ n. Säure an der Anode in Freiheit gesetzt.

3. Wanderung der Ionen.

Besprechung. Wenn ein elektrochemisches Äquivalent, d. i. 96540 Coulombs durch eine Elektrolysierzelle geht, dann wird an der Kathode ein Grammäquivalent Kationen abgeschieden, an der Anode ein Grammäquivalent Anionen.

Sind beispielsweise die Wanderungsgeschwindigkeiten der Anionen und Kationen gleich, dann geht durch einen Querschnitt der Zelle in der gleichen Zeit $\frac{1}{2}$ Grammäquivalent Kationen nach der einen Richtung und $\frac{1}{2}$ Grammäquivalent Anionen nach der anderen Richtung, in Summa geht also ein ganzes Grammäquivalent durch den Querschnitt.

Verhalten sich die Wanderungsgeschwindigkeiten von Kationen und Anionen zueinander wie 5 : 1, dann gehen in der gleichen Zeit $^5/_6$ Grammäquivalente Kationen nach der einen Richtung, $^1/_6$ Grammäquivalente Anionen nach der anderen, in Summa geht also wiederum ein ganzes Grammäquivalentdurch den Querschnitt. An der Anode wird also, während $^1/_6$ Grammäquivalent zuwandert, ein ganzes Grammäquivalent Anionen entladen. Würden ebensoviele Ionen zuwandern, wie entladen werden, dann müßte z. B. bei der Elektrolyse der Schwefelsäure nach Durchgang von 96540 Coulombs der Gehalt des Elektrolyten an einer unlöslichen Anode um ein ganzes Grammäquivalent Anionen zugenommen haben; denn die z. B. an der unlöslichen Platinelektrode abgeschiedenen SO_4 - Ionen kehren unter Entwicklung von Sauerstoff wieder in den Elektrolyten zurück. (Die Wasserstoffionen wandern fast fünfmal so schnell als die Anionen der Säuren. Vgl. Tabelle 4 und 5.)

Will man das Verhältnis der Wanderungsgeschwindigkeiten experimentell bestimmen, so kann man in folgender Weise vorgehen: Man elektrolysiert z. B. ganz verdünnte Schwefelsäure, indem man zwei getrennte Gefäße für Anoden- und Kathodenraum verwendet und mit einem weiten Glasheber verbindet. Als Elektroden kann man schmale Bleistreifen oder Bleidrähte benutzen. Zur Messung der durchgegangenen Elektrizitätsmenge schaltet man ein Öttelsches Knallgascoulometer in den Stromkreis. Als Stromquelle benutzt man, da die sehr verdünnte Schwefelsäure und insbesondere der damit gefüllte Glasheber einen großen Widerstand darstellt, die 220-Volt-Leitung, in die man vorsichtshalber als Vorschaltwiderstand eine 32kerzige Glühlampe zu 220 Volt oder zwei hintereinandergeschaltete 16kerzige Glühlampen zu 110 Volt einschaltet.

Aus der Menge des im Knallgascoulometer entwickelten Knallgases erfährt man die äquivalente Menge SO_4-Ionen, die an der Anode in dem Elektrolysiergefäß, das die verdünnte Schwefelsäure enthält, entladen worden sind. Durch die Titration der verdünnten Schwefelsäure des Anodenraumes nach dem Versuch erfährt man die Zunahme an SO_4-Ionen, wenn der Titer der Schwefelsäure vor der Elektrolyse bekannt war. Man kann also leicht das Verhältnis von zugewanderter zu abgeschiedener Menge SO_4-Ionen und damit die Überführungszahl der SO_4-Ionen in der angewendeten verdünnten Schwefelsäure erfahren.

Die verdünnte Schwefelsäure in dem Heber, der die beiden Glasgefäße verbindet, erhitzt sich während der Elektrolyse, wird dadurch spezifisch leichter und bietet somit eine Gewähr, dafür, daß die Lösungen im Anoden- und im Kathodenraum sich nicht vermischen.

Wenn man nun noch die Lösung im Kathodenraum titriert, so läßt sich feststellen, daß von dort ebensoviel SO_4-Ionen fortgewandert sind, wie man im Anodenraum mehr gefunden hat.

Zubehör. 220-Volt-Leitung. Glühlampenwiderstand, bestehend aus zwei hintereinander geschalteten Glühlampen zu 110 Volt und 16 Kerzen. — 1 Einschalter. —, 1 Milliampèremeter bis 1000 Milliampère. — 2 starkwandige zylindrische Glasgefäße (10 cm hoch, 6 cm Durchmesser). — 1 Thermometer. — 2 Glasheber mit 1 cm dicken, 9 cm langen Schenkeln und einem engeren Ansatz mit Gummischlauch und Quetschhahn. — 2 Bleidrahtelektroden mit Klemmen. — 1 Öttelsches Knallgascoulometer. — 1 Glasstab. — 1 Bürette mit Stativ. — $^1/_{100}$ n. Schwefelsäure. — $^1/_{10}$ n. Kalilauge. — Phenolphtalein. — 5 Drähte.

Ausführung. (Siehe Fig. 2.) Zwei zylindrische Glasgefäße von etwa 10 cm Höhe und 6 cm Durchmesser werden trocken auf einer rohen Wage auf $^1/_{10}$ g genau gewogen. Dann füllt man sie zur Hälfte mit $^1/_{100}$ n. Schwefelsäure, verbindet sie mit zwei weiten Hebern von je 10 mm lichter Weite und saugt diese voll. Man verwendet Bleidraht-Elektroden. Die 220-Volt-Leitung dient als Stromquelle. Als Vorschaltwiderstand werden zwei hintereinandergeschaltete Glühlampen zu 110 Volt und 16 Kerzen oder eine Glühlampe zu 220 Volt und 32 Kerzen benutzt. Ferner kommt in den Stromkreis ein Öttelsches Knallgascoulometer und ein Milliamperemeter bis 1000 Milliamp.

Man schließt nun den Strom, die Stromstärke erreicht ungefähr den Wert von 60 Milliamp. Die Vorschaltlampen leuchten kaum, und die $^1/_{100}$ n. Schwefelsäure in den Hebern erhitzt sich wegen des großen Widerstandes, den sie bietet. Man läßt den Versuch gehen, bis etwa 32 ccm Knallgas entwickelt sind, was ca. eine Stunde erfordert.

Sind 32 ccm Knallgas entwickelt, so unterbricht man den Strom, öffnet den Quetschhahn des Hebers, wodurch die eine Hälfte des Heberinhaltes in den Anodenraum, die andere in den Kathodenraum abfließt, und nimmt dann den Heber, ohne ihn abzuspülen, heraus. Ferner nimmt man die Elektroden heraus, indem man sie ebenfalls nur abtropfen läßt, nicht aber abspritzt.

Man wägt jetzt jedes Gefäß samt seinem Inhalt auf der rohen Wage auf $^1/_{10}$ g genau ab und kennt nun das Volumen der darin enthaltenen Lösung. Durch Titration mit $^1/_{10}$ n. Kalilauge erfährt man, daß die Anodenflüssigkeit stärker und die Kathodenflüssigkeit schwächer als $^1/_{100}$ n. geworden ist. Die Summe der für beide Gefäßinhalte zusammen verbrauchten Mengen $^1/_{10}$ n. KOH multipliziert mit 10 sagt, wieviel ccm $^1/_{100}$ n. H_2SO_4 ursprünglich angewendet waren, gibt also den genauen Titer der ursprünglich verwendeten $^1/_{100}$ n. H_2SO_4. Auf die beiden Gefäße war diese Menge $^1/_{100}$ n. H_2SO_4 im Verhältnis der Flüssigkeitsgewichte verteilt. Die Differenz zwischen der nach Stromdurchgang gebrauchten Anzahl und der Anzahl Kubikzentimeter, die man gebraucht hätte, wenn das durch Wägung ermittelte Volumen noch $^1/_{100}$ n. wäre, gibt die zugewanderte bzw. fortgewanderte Menge SO_4-Ionen. Die beiden Mengen müssen natürlich gleich sein.

Sind im Knallgascoulometer 16,8 ccm Knallgas (nämlich 11,2 ccm Wasserstoff und 5,6 ccm Sauerstoff) entwickelt worden (herrührend von dem Durchgang von 96,54 Coulombs), so sind nach dem Faradayschen Gesetz an der Anode so viel SO_4-Ionen entladen worden, als in 1 ccm einer normalen Schwefelsäure enthalten sind, also auch so viel, als in 10 ccm einer $^1/_{10}$ n. Schwefelsäure sich befinden. Findet man nun bei der Titration, daß im Anodenraum nach der Elektrolyse so viel SO_4-Ionen mehr sich befinden, als den a ccm der $^1/_{10}$ n. Kalilauge entsprechen, die man mehr verbraucht hat, so ist das Verhältnis der zugewanderten

Menge SO_4 - Ionen zu der abgeschiedenen Menge gleich $\dfrac{a}{10}$. Dies ist die Überführungszahl des Anions; diejenige des Kations ist dann $1 - \dfrac{a}{10}$.

4. Elektro-Endosmose.

Besprechung. Bei der Bestimmung der Überführungszahlen trennt man Anoden- und Kathodenraum absichtlich nicht durch ein poröses Tondiaphragma; denn insbesondere bei der Elektrolyse verdünnter Lösungen unter gleichzeitiger Trennung der Räume durch Diaphragmen beobachtet man, daß in den Kathodenraum nicht nur die positiv geladenen Kationen hineinwandern, sondern daß auch das Lösungsmittel, also das Wasser, sich an der Wanderung in den Kathodenraum hinein beteiligt, und der Anodenraum sich entleert. Je verdünnter der Elektrolyt ist, desto auffälliger wird diese Erscheinung; sie ist z. B. bei $^1/_{100}$ n. Schwefelsäure schon zu bemerken, bei $^1/_{1000}$- oder gar $^1/_{10000}$ n. Säure entleert sich der Anodenraum bei Anwendung genügend hoher Spannung in wenigen Minuten.

Diese Erscheinung beruht darauf, daß das Lösungsmittel bei Berührung mit allen heterogenen Stoffen sich gegen diese lädt. Wasser in Berührung mit Ton lädt sich z. B. positiv, während sich der Ton negativ lädt. Erzeugt man nun eine größere Spannungsdifferenz, z. B. 100 Volt zwischen der ganz verdünnten Säure im Diaphragma und derjenigen außerhalb desselben, so werden alle positiv geladenen Teile in der Richtung der Kathode herangezogen; dazu gehören die positiv geladenen Kationen und das gegen den Ton positiv geladene Wasser. Das Tondiaphragma bleibt also an seiner Stelle stehen, und der Elektrolyt wird durch das Tondiaphragma hindurchgetrieben. Welche Arbeit dabei geleistet wird, kann man sich vorstellen, wenn man überlegt, welcher Druck erforderlich wäre, um den Elektrolyten in der gleichen Zeit durch die Poren des Tondiaphragmas rein mechanisch hindurchzupressen.

Der Vorgang der Wanderung des ganzen Elektrolyten durch das Diaphragma heißt elektrische Endosmose oder Kataphorese. Wenn der Elektrolyt gut leitet, d. h. viel positiv geladene Ionen vorhanden sind, dann spielt die elektrische Endosmose eine ganz untergeordnete Rolle. Sie tritt umso kräftiger in Erscheinung, je schwächer leitend, also je ärmer an Ionen der Elektrolyt wird. Für ein und dasselbe Diaphragma und ein und denselben Elektrolyten ist die übergeführte Wassermenge der Stromstärke proportional.

Erwähnt sei hier noch die umgekehrte Erscheinung, die auf der gleichen Ursache beruht wie die Wanderung des Elektrolyten durch das Tondiaphragma. Suspendiert man feine Tonteilchen in ganz schwacher Säure zwischen zwei Elektroden ohne Anwendung eines Diaphragmas, so beobachtet man, daß die Tonteilchen, da sie negativ gegen das Wasser geladen sind, nach der Anode wandern, während der Elektrolyt scheinbar seinen Ort nicht ändert. Geht man von einem Tonbrei aus, den man mit einer schwach leitenden Lösung angemacht hat, und steckt zwei Elektroden hinein, so drängt sich der Ton an die Anode heran und trocknet dort aus, während durch die Kathode, wenn dieselbe z. B. hohl und perforiert ist, das Wasser abfließt.

Auf diesem Prinzip beruhen die Versuche zur elektrischen Torftrocknung und ähnliches.

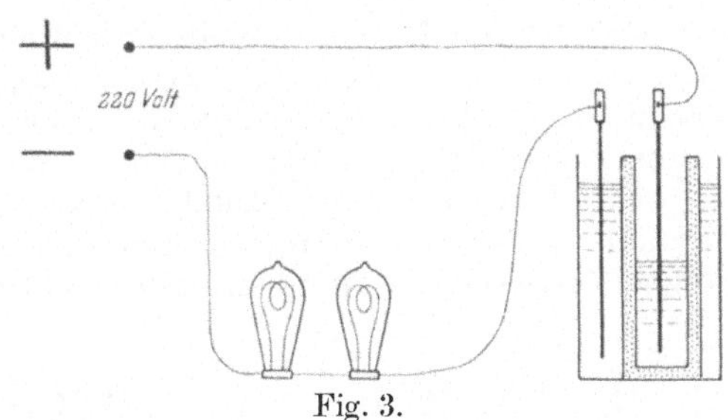

Fig. 3.

Zubehör. 220-Volt-Leitung. — Glühlampenwiderstand, bestehend aus zwei hintereinandergeschalteten Glühlampen zu 110 Volt und 16 Kerzen. — 1 Einschalter. — 1 Milliampèremeter bis 1000 Milliampère. — 1 starkwandiges zylindrisches Glasgefäß (10 cm hoch, 6 cm Durchmesser). — 2 Bleidrahtelektroden mit Klemmen. — 1 dünnwandiges Tondiaphragma (10 cm hoch, 3 cm Durchmesser). — 1 Öttelsches Knallgascoulometer. — $^1/_{100}$ n. Schwefelsäure. — 1 Pipette zu 25 ccm. — 1 Meßkolben zu 250 ccm. — 5 Drähte.

Ausführung. (Fig. 3.) Ein dünnwandiges, 10 cm hohes und 3 cm weites Tondiaphragma (Kgl. Porzellan-Manufaktur, Berlin) wird in ein starkwandiges Glasgefäß gesetzt, welches ca. 10 cm hoch und 5 cm weit ist. Im Diaphragma und außerhalb desselben wird je eine Bleidrahtelektrode angebracht. Man füllt in das Diaphragma zunächst $^1/_{100}$ n. Schwefelsäure und wartet, bis es davon durchtränkt ist; dann füllt man auch außen die gleiche Schwefelsäure ein. Als Stromquelle dient die 220-Volt-Leitung. In den Stromkreis kommt ein Vorschaltwiderstand, bestehend aus zwei hintereinandergeschalteten 110-Volt-Lampen zu je 16 Kerzen, ein Milliampèremeter bis 1000 Milliamp. und das Öttelsche Knallgascoulometer. Schließt man den Strom, so leuchten die Vorschaltlampen hell auf, und trotz der beträchtlichen Stromstärke sinkt das Niveau in der Tonzelle, wenn dieselbe zum Anodenraum gemacht war, innerhalb 5 Minuten kaum merkbar.

Man stellt jetzt den Strom ab, bringt den Inhalt von Tonzelle und Glasgefäß zusammen und gießt davon $9/10$ weg. Das zurückbleibende Zehntel bringt man mit dest. Wasser auf das frühere Volumen und hat jetzt annähernd $1/1000$ n. Lösung. Man wiederholt den Versuch wie vorhin und beobachtet jetzt, daß, obwohl viel weniger Strom durch den Apparat fließt, innerhalb 5 Minuten schon eine merkliche Senkung des Flüssigkeitsspiegels im Anodenraum eintritt.

Schließlich stellt man sich auf die gleiche Weise annähernd $1/10000$ n. Lösung her. Wiederholt man den Versuch von neuem, so entleert sich jetzt der Anodenraum bereits in 5 Minuten beinahe vollständig. Bei allen drei Versuchen ist es zweckmäßig, die äußere Flüssigkeit, also die Kathodenflüssigkeit, und die Anodenflüssigkeit gleich hoch einzufüllen, aber nur bis 2 cm unter den Rand des Diaphragmas, weil sonst, wenn der Anodenraum sich entleert, der Kathodenraum wieder in den Anodenraum hinein überläuft, und so eine völlige Entleerung des Anodenraumes nicht erzielt wird.

B. Ionen als Ursache des Leitvermögens.

5. Spezifisches und Äquivalentleitvermögen und Dissoziationsgrad von $1/10$ n. Chlorkalium nach vorhergegangener Bestimmung der Widerstandskapazität des Meßgefäßes. Orientierung über das Leitvermögen des Brunnenwassers, des destillierten Wassers und der Änderung, die letzteres durch Kohlensäureaufnahme bzw. durch die Löslichkeit des Glases erfährt.

Besprechung. I. Widerstandskapazität und spezifisches Leitvermögen. Unter Leitvermögen oder Leitfähigkeit versteht man den reziproken Wert des Widerstandes. Will man also z. B. die spezifische Leitfähigkeit bestimmen, so hat man den reziproken Wert des spez. Widerstandes zu ermitteln, d. h. des Widerstandes des Kubikzentimeterwürfels ($q = 1$ qcm, $l = 1$ cm). Man hat also Eins durch die gefundene Ohmzahl zu dividieren.

a) Bestimmung der Widerstandskapazität. Hat man kein Gefäß mit einem Elektrodenabstand von 1 cm und einem genauen Querschnitt von 1 qcm, so muß man das betreffende Gefäß entweder genau ausmessen, was aber meist schwierig ist, oder besser den Widerstand dieses Gefäßes ermitteln, wenn es mit einem Elektrolyten vom Leitvermögen 1 gefüllt ist. Diese Anzahl Ohm, die das Gefäß dann bei 18° C zeigt, heißt die Widerstandskapazität des Gefäßes (C). Leider gibt es nun keinen Elektrolyten, der bei 18° das Leitvermögen 1 hat, alle Elektrolyte leiten bei 18° schlechter. Füllt man daher das Gefäß mit einem beliebigen Elektrolyten, z. B. vom Leitvermögen $\varkappa_{18} = 0,5$ und findet bei 18° einen Widerstand von z. B. 12 Ω, so heißt das: mit einem Elektrolyten vom Leitvermögen 1 wäre $w = 6\,\Omega$, also die Widerstandskapazität C = 6. Die Widerstandskapazität C ist also $\varkappa_{18} \cdot w_{18}$. Als derartige Eichflüssigkeit benutzt man z. B. $MgSO_4$-Lösung von maximaler Leitfähigkeit (17,4%ig) oder KCl-Lösung $^1/_{10}$ oder $^1/_{100}$ normal (vgl. Tabelle 3).

b) Bestimmung des spez. Leitvermögens. Ist das Gefäß nun mit einem Elektrolyten gefüllt, dessen Leitvermögen bestimmt werden soll, so läßt sich dieses leicht berechnen, sobald C bekannt und w gemessen ist. Denn da C = $\varkappa_{18} \cdot w_{18}$, so ist

$$\varkappa_{18} = \frac{C}{w_{18}} \cdot$$ Man hat also nur die Wiederstandskapazität durch

den bei 18° gefundenen Widerstand (in Ω ausgedruckt) zu dividieren.

Für gut leitende Lösungen benutzt man Gefäße mit größerer, für schlecht leitende solche mit geringerer Widerstandskapazität, beide haben mit Platinschwarz überzogene Platinbleche als Elektroden. Der Widerstand soll möglichst immer von der Größenordnung 100 Ohm sein, damit ungleiche Drahtlängen und kleine Kontaktfehler bei Messungen nicht viel ausmachen.

Das spezifische Leitvermögen besitzt bei einer bestimmten Konzentration ein Maximum und sinkt dann mit wachsender Verdünnung auf den Wert des Leitvermögens des betreffenden reinen Lösungsmittels, z. B. des destillierten Wassers. Mit der Temperatur steigt es, und zwar um ca. 2% pro 1° Temperaturerhöhung.

II. Äquivalentleitvermögen und Dissoziationsgrad. Λ (Äquivalentleitvermögen) ist das Leitvermögen, welches durch ein Grammäquivalent der Substanz erzeugt wird. η sagt, wieviel Grammäquivalente in einem Kubikzentimeter enthalten sind. $\varkappa$ ist das Leitvermögen eines Kubikzentimeters, es ist also

$\Lambda = \dfrac{\varkappa}{\eta}$. Hat man z. B. $^1/_{10}$ n. Lösung von KCl, so ist im

Liter $1/_{10}$ Äquivalent, im Kubikzentimeter also $1/_{10000}$ Äquivalent enthalten. Λ ist mithin für eine solche Lösung $= \dfrac{\varkappa}{1/_{10000}}$ $= 10\,000 \cdot \varkappa$. Man kann also das Äquivalentleitvermögen für eine bestimmte bekannte Verdünnung aus dem spezifischen Leitvermögen berechnen. Ferner ergibt sich, daß das Äquivalentleitvermögen mit wachsender Verdünnung bis zu einem Grenzwert zunimmt, nämlich bis zu dem Äquivalentleitvermögen bei unendlicher Verdünnung $= \Lambda_\infty$.

Da sich nun Λ_∞ aus der Summe der Beweglichkeiten des Anions und des Kations bei unendlicher Verdünnung zusammensetzt, $\Lambda_\infty = l_a + l_k$, so kann man Λ_∞ additiv zusammensetzen (vgl. Tabelle 4).

Hat man nun Λ für irgendeine bekannte Verdünnung bestimmt, so kann man das Λ_∞ zusammensetzen aus $l_a + l_k$ und auf diese Weise den Dissoziationsgrad für die betreffende bekannte Verdünnung bestimmen. Der Grenzwert Λ_∞ ist ein Maximalwert, er stammt daher, daß bei unendlicher Verdünnung alle Moleküle in ihre Ionen zerfallen sind. Der gemessene Wert Λ ist kleiner, weil die Verdünnung natürlich noch nicht unendlich ist, die Dissoziation daher noch nicht vollständig. Das Verhältnis des gemessenen Λ zu Λ_∞ ist der Dissoziationsgrad $\gamma = \dfrac{\Lambda\,\text{gemessen}}{\Lambda_\infty}$.

Zur Messung bedient man sich der Wheatstoneschen Brückenschaltung. Damit im Elektrolyten durch Elektrolyse nichts verändert wird, benutzt man nicht Gleichstrom, sondern Wechselstrom, den man aus einem Induktorium entnimmt. Als Null-Instrument dient ein Telephon. Wenn das Telephon schweigt, also kein Strom hindurchgeht, dann gilt, da $b = 1000 - a$ ist:

$$x : Rh = a : (1000 - a) \quad \text{oder} \quad x = \dfrac{a}{1000 - a} \cdot Rh.$$

(Vgl. Fig. 4). Die Werte für $\dfrac{a}{1000 - a}$ findet man in Küsters Rechentafeln.

Zubehör. 1 Leitfähigkeitsbestimmungsgefäß für gut leitende Lösungen. — 1 Leitfähigkeitsbestimmungsgefäß für schlecht leitende Lösungen. — 1 Wasserbad aus Glas. — 1 Thermometer. — 1 Meßbrücke. — 1 kleines Induktorium. — 1 Bleiakkumulator. — 1 Telephon. — 1 Stöpsel-Rheostat für 1, 10, 100 und 1000 Ohm. — 1 Glasrohr zum Einblasen von Luft. — $MgSO_{4\,max}$.-Lösung (552 g Bittersalz zu 1 Liter aufgefüllt). — $1/_{10}$ n. KCl-Lösung (7,455 g KCl zu 1 Liter aufgefüllt). — Glaspulver. — 8 Drähte.

Ausführung. (Fig. 4.) 1. Zuerst wird der Widerstand bestimmt, den das Gefäß für gut leitende Lösungen zeigt, wenn es mit maximal leitender Magnesiumsulfatlösung gefüllt ist, ferner wird die Temperatur festgestellt. Die Magnesiumsulfatlösung von maximalem Leitvermögen ist 17,4proz. und hat ein spez. Leitvermögen von $\varkappa = 0,04922$ bei 18^0. Das spez. Leitvermögen steigt pro Grad Temperaturerhöhung um ca. 2 %.

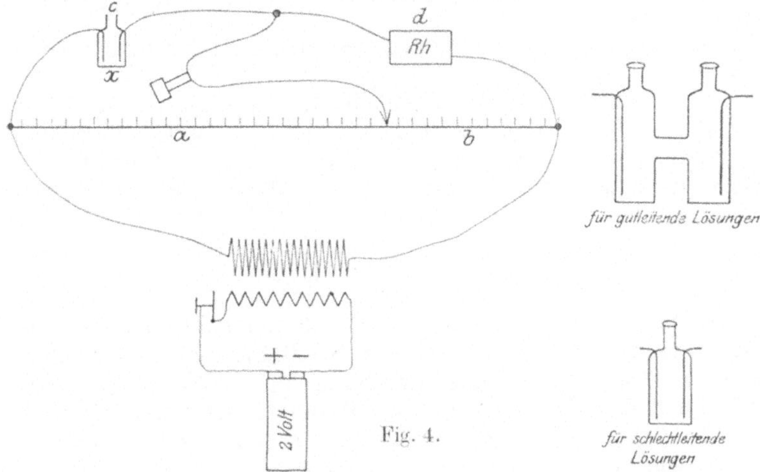

Fig. 4.

Die **Widerstandskapazität** C ist gleich $\varkappa_{18} \cdot w_{18}$. Es ist demnach der gefundene Widerstand auf den Widerstand bei 18^0 umzurechnen, falls man nicht, was am besten ist, die Messung bei 18^0 ausgeführt hat. Man kann auch den bei einer andern Temperatur als 18^0 gefundenen Widerstand ohne Umrechnung verwenden, muß ihn aber dann mit dem für die gleiche Temperatur gültigen $\varkappa$-Wert multiplizieren, den man z. B. aus Tabelle 13 in ,,Kohlrausch und Holborn: Leitvermögen der Elektrolyte`` entnehmen kann.

2. Kennt man nun die Widerstandskapazität, so kann man nach Umformung obiger Gleichung das spez. **Leitvermögen** einer $^1/_{10}$ n. KCl-Lösung berechnen, wenn man den Widerstand bestimmt, den sie in dem Gefäß mit der nunmehr bekannten Widerstandskapazität dem Stromdurchgang entgegensetzt, nämlich nach der Gleichung:

$$\varkappa_{18} = \frac{C}{w_{18}}.$$

Der gefundene Widerstand ist also ev. auf 18^0 umzurechnen und in die obige Gleichung einzusetzen. Auf diese Weise soll nun das spez. Leitvermögen von $^1/_{10}$ n. KCl bestimmt werden.

3. Das Äquivalentleitvermögen ist $\Lambda = \dfrac{\varkappa}{\eta}$ und wird daraus berechnet. In diesem Falle ist $\eta = {}^1/_{10\,000}$, also $\Lambda = 10\,000 \cdot \varkappa$.

4. Der Dissoziationsgrad ist $\gamma = \dfrac{\Lambda}{\Lambda_\varkappa}$ und Λ_∞ gleich der Summe der Beweglichkeiten von Anion und Kation bei unendlicher Verdünnung.

$l_k = 65{,}3$; $l_a = 65{,}9$ nach Tabelle 4. Die Summe beider 131,2.

5. In dem Gefäß für schlecht leitende Lösungen wird der Widerstand bestimmt, wenn es mit dest. Wasser gefüllt ist. Die Widerstandskapazität dieses Gefäßes wird gegeben. Sie beträgt z. B. 0,1485.

$$\varkappa_{18} \text{ ist dann } \frac{C}{w_{18}}.$$

6. Man bläst nun durch ein Glasrohr den kohlensäurehaltigen Atem durch das dest. Wasser und bestimmt die durch Kohlensäureaufnahme eintretende Erhöhung des Leitvermögens, die sich durch die Verminderung des Widerstandes sofort kenntlich macht. Man wiederholt diesen Versuch, bis das Leitvermögen nicht mehr wesentlich wächst.

7. Dann fülle man neues dest. Wasser ein und bestimme den Widerstand im Gefäße bzw. das Leitvermögen von neuem. Jetzt gebe man Glaspulver zu, schüttele um und überzeuge sich durch die Zunahme des Leitvermögens von der Löslichkeit des Glases.

8. Schließlich bestimme man das spezifische Leitvermögen für Brunnenwasser.

Für eingehendere Studien sei auf Kohlrausch und Holborn „Das Leitvermögen der Elektrolyte" verwiesen.

6. Nachweis der Gleichheit der Neutralisationswärmen starker Säuren und Basen und des Verschwindens von Ionen bei der Neutralisation. Ursache in beiden Fällen die Bildung von Wasser aus Wasserstoff- und Hydroxylionen.

Besprechung. Zunächst wird bei diesem Versuche die Tatsache konstatiert, daß beim Vermischen äquivalenter Mengen KOH und HNO_3 einerseits, NaOH und HCl andererseits die gleiche Wärmetönung auftritt. Wenn sie durch die Bildung von KNO_3 bzw. NaCl zustande käme, dann wäre die Gleichheit schwer zu erklären, sie erklärt sich aber ganz ungezwungen dadurch, daß in beiden Fällen weder KNO_3 noch $NaCl$ gebildet wird, sondern je ein Grammäquivalent H_2O; die Ionen $\overset{+}{K}$, $\overset{-}{NO_3}$, $\overset{+}{Na}$, $\overset{-}{Cl}$ bleiben dabei unverändert.

$$\overset{+}{K} + \overset{-}{OH} + \overset{+}{H} + \overset{-}{NO_3} = H_2O + \overset{+}{K} + \overset{-}{NO_3} + x\ \mathrm{cal.}$$

$$\overset{+}{Na} + \overset{-}{OH} + \overset{+}{H} + \overset{-}{Cl} = H_2O + \overset{+}{Na} + \overset{-}{Cl} + x\ \mathrm{cal.}$$

Diese Neutralisationswärme oder die Bildungswärme des Wassers aus seinen Ionen beträgt 13 700 cal. Dementsprechend ist natürlich die Ionisierungswärme — 13 700 cal.

Außer durch die Messung der Wärmetönung kann man auch durch Leitfähigkeitsmessung feststellen, daß die Neutralisationswärme auf der Bildung von Wasser, also auf dem Verschwinden von $\overset{+}{H}$ und $\overset{-}{OH}$-Ionen beruht. Würden nämlich beim Vermischen von einer Säure und einer Base keine Ionen verschwinden, so müßte ein Gemisch von z. B. äquivalenten Teilen Säure und Base eine Leitfähigkeit zeigen, die das arithmetische Mittel wäre zwischen der der Säure und der der Base. Da aber die Hälfte der Ionen, nämlich die $\overset{+}{H}$- und die $\overset{-}{OH}$-Ionen, durch die Neutralisation verschwindet, so beruht die Leitfähigkeit nach dem Vermischen nur noch auf dem Vorhandensein der $\overset{+}{K}$- und $\overset{-}{NO_3}$- bzw. der $\overset{+}{Na}$- und $\overset{-}{Cl}$-Ionen. Da diese nun eine wesentlich geringere Wanderungsgeschwindigkeit als die verschwundenen $\overset{+}{H}$- und $\overset{-}{OH}$-Ionen besitzen, so sinkt die Leitfähigkeit nicht nur auf die Hälfte des oben erwähnten arithmetischen Mittels, sondern etwa auf $1/_5$ desselben.

Zubehör. 1 Weinholdsches Gefäß. — 1 Leitfähigkeitsbestimmungsgefäß für gut leitende Lösungen. — 1 Thermometer. — 1 Meßbrücke. — 1 Wasserbad aus Glas. — 1 kleines Induktorium. — 1 Bleiakkumulator. — 1 Telephon. — 1 Stöpsel-Rheostat für 1, 10, 100 und 1000 Ohm. — 1 Meßkölbchen zu 100 ccm. — 1 Erlenmeyerkölbchen von ca. 250 ccm Inhalt. — 1 Glasstab mit Gummikappe. — 8 Drähte. — $1/_2$ n. HCl. — $1/_2$ n. HNO_3. — $1/_2$ n. KOH. — $1/_2$ n. NaOH.

Ausführung. (Fig. 5.) In ein Weinholdsches Gefäß (doppelwandig, Zwischenraum evakuiert) werden 100 ccm $1/_2$ n. HCl gegeben. In einem Meßkölbchen werden ferner 100 ccm $1/_2$ n. NaOH abgemessen. In beiden wird die Temperatur auf $1/_{10}{}^0$ genau

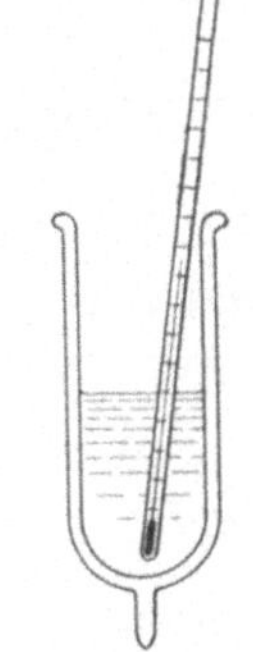

Fig. 5.

bestimmt und dann notiert, wenn sie sich nicht mehr merk-
lich ändert.

Hierauf gießt man den Inhalt des Meßkölbchens rasch in das
Weinholdgefäß und bestimmt das Temperaturmaximum, indem
man jede halbe Minute die Temperatur abliest.

Von diesem Temperaturmaximum zieht man das arithmetische Mittel der Temperaturen ab, die Säure und Base kurz
vor dem Zusammengießen zeigten. Diese Differenz ist die Temperaturerhöhung, und da rund 200 ccm Lösung, also rund 200 g H_2O
sich um diesen Betrag erwärmt haben, ist die Wärmetönung der
Reaktion gleich 200 · Temperaturerhöhung cal.

Hervorgerufen wurde die Wärmemenge dadurch, daß 100 ccm
$\frac{1}{2}$ n. Säure neutralisiert wurden, also durch Neutralisation eines
zwanzigstel Grammäquivalents. Die Wärmetönung für ein ganzes
Grammäquivalent wäre also zwanzigmal so groß, das ist:

$$20 \cdot 200 \cdot \text{Temperaturerhöhung cal.}$$

Der Wert fällt immer kleiner aus als 13 700 cal, weil wir
hier absichtlich die Wasserwerte des Gefäßes und des Thermometers
nicht berücksichtigen. Dies ist auch nicht nötig, da der nächste
Versuch mit $\frac{1}{2}$ n. KOH und $\frac{1}{2}$ n. HNO_3 lediglich zeigen soll,
daß die Temperaturerhöhung die gleiche ist.

In einem Gefäß für gut leitende Lösungen wird ferner der
Widerstand bestimmt, den das Gefäß zeigt, wenn es mit $\frac{1}{2}$ n. HCl
gefüllt ist, und der, den es zeigt, wenn es $\frac{1}{2}$ n. NaOH enthält.
Ferner bestimmt man den Widerstand bei Füllung mit der durch
die Neutralisation entstandenen Lösung.

C. Osmotische Theorie der Stromerzeugung.

7. Messung elektromotorischer Kräfte und Einzelpotentiale nach der Kompensationsmethode mit einem Kapillarelektrometer als Null-Instrument.

Wenn man die elektromotorische Kraft von galvanischen
Elementen mißt, so ist in dieser Messung bekanntlich immer
die Summe bzw. Differenz zweier einzelner Potentialsprünge
enthalten. Beim Daniell-Element z. B. folgende beiden:
Zn | $\frac{1}{1}$ n. $ZnSO_4$ + $\frac{1}{1}$ n. $CuSO_4$ | Cu. Außerdem besteht noch an
der Berührungsstelle der beiden Lösungen ein allerdings meist
unbeträchtlicher Potentialsprung, von dem wir hier absehen wollen.

Ändert sich die EMK des galvanischen Elementes, so kann man nicht beurteilen, an welcher Elektrode die Ursache dieser Veränderung zu suchen ist, da man ja immer die Summe beider Potentialsprünge mißt. Durch Benutzung einer sogenannten Hilfselektrode (Vergleichselektrode) kann man jedoch die Einzelpotentiale bestimmen. Als solche dient z. B. die Zehntel-Normal-Calomel-Elektrode (Hg | mit HgCl gesättigte $^1/_{10}$ n. KCl). Solange man dieser Elektrode keinen Strom entnimmt, kann man ihr genau definiertes Einzelpotential als unverändert ansehen. Mißt man nun einmal die Kette Hg | HgCl $^1/_{10}$ n. KCl | ZnSO$_4$ | Zn und dann die Kette Hg | HgCl $^1/_{10}$ n. KCl | CuSO$_4$ | Cu, so kann man leicht ermitteln, an welcher Elektrode die Ursache einer eventuellen Veränderung der EMK des Daniellelementes zu suchen ist.

Für die Potentialsprünge (vgl. Tabelle 6) gilt folgende Formel:

$$\pi = \frac{R \cdot T}{n \cdot F} \ln \frac{L}{p}$$

Hierin bedeutet R die Gaskonstante, T die absolute Temperatur, n die Wertigkeit der betreffenden Ionen, p deren osmotischen Druck, F (1 Farad) = 96 540 Coulombs, L den elektrolytischen Lösungsdruck des Elektrodenmaterials.

Nach der Nernstschen Theorie der elektrolytischen Lösungstension geht z. B. von einer Silberelektrode ein Silberatom unter gleichzeitiger Mitnahme einer positiven Ladung als Ion in Lösung. In Lösung befinden sich andererseits positiv geladene Silberionen, deren osmotischer Druck dem elektrolytischen Lösungsdruck des Elektrodenmaterials entgegenwirkt. Bestehen beide Elektroden einer Kette aus dem gleichen Material, und befindet sich an der einen Elektrode eine verdünnte, an der anderen eine konzentrierte Lösung des Metallsalzes, so kann man sich den Strom in dem galvanischen Element leicht in folgender Weise entstanden denken: Der Druck, mit dem die eine Elektrode positive Ionen in Lösung zu treiben versucht, ist genau gleich demjenigen der anderen Elektrode, da ja beide aus dem gleichen Metall bestehen. Die beiden Drucke sind aber in der Richtung entgegengesetzt und heben sich in ihrer Wirkung nach außen deshalb auf. In der konzentrierten Lösung wird dem Lösungsdruck durch den osmotischen Druck der Lösung stärker entgegengewirkt, als es an der Elektrode geschieht, die sich in der verdünnten Metallsalzlösung befindet. Infolgedessen wird der Lösungstension derjenigen Elektrode nachgegeben, die sich in der verdünnteren Lösung befindet, sie sendet also Silberionen in Lösung, und an der anderen Elektrode, in der konzentrierten Lösung, werden

Silberionen entladen. Der Strom fließt dann so lange, bis die beiden Lösungen gleich konzentriert sind.

Eine derartige Konzentrationskette, in der also der Lösungsdruck beider Elektroden gleich ist, ist z. B.

$$\text{Ag} \mid {}^1/_{20} \text{ n. AgNO}_3 \mid {}^1/_{200} \text{ n. AgNO}_3 \mid \text{Ag.}$$

Die Formel für die Kette

$$\text{EMK} = \pi_1 - \pi_2 = \frac{R \cdot T}{n \cdot F} \ln \frac{L}{p_1} - \frac{R \cdot T}{n \cdot F} \ln \frac{L}{p_2}$$

vereinfacht sich daher zu

$$\text{EMK} = \frac{R \cdot T}{n \cdot F} \ln \frac{p_2}{p_1}$$

und kann also berechnet werden. Für das Verhältnis $\dfrac{p_2}{p_1} = 1 : 10$ berechnet sich für 18^0 C ca. 0,058 Volt.

Ist das Konzentrationsverhältnis $^1/_{100}$, dann ist der Wert der EMK ca. doppelt so groß. Umgekehrt kann man daher das Konzentrationsverhältnis und die Löslichkeit von Salzen berechnen, wenn man die Ionenkonzentration an der einen Elektrode kennt und die EMK gemessen hat.

Chemische Ketten faßt man am besten als Sauerstoff- bzw. Wasserstoffbeladungsketten auf. Der Sauerstoff bzw. der Wasserstoff an der Elektrode hat dann wie ein Metall einen Lösungsdruck, der aber mit dem Druck variiert, mit dem das Oxydations- bzw. das Reduktionsmittel die Elektroden mit O_2 bzw. H_2 belädt. (Auffassung als Gaskette.)

Die Messungen geschehen mit der Poggendorfschen Kompensationsmethode. Als Null-Instrument dient ein Kapillarelektrometer. Verglichen wird mit der EMK des Bleiakkumulators (2 Volt) oder für genaue Messungen mit der EMK des Westonelements (1,0186 Volt) (vgl. Tabelle 9).

Zubehör. 8-Volt-Leitung. — 1 Kapillarelektrometer. — 8-Volt-Glühlampe. — 1 Bleiakkumulator. — 1 Meßbrücke. — 1 Taster. — 1 Normal-Elektrode (Calomel-Elektrode). — 1 Rheostat zu 1, 10, 100, 1000 Ohm, 1 Weston-Normal-Element. — 2 runde Glasgefäße mit Holzplatte, 1 Heber dazu. — 2 Silberspiralelektroden. — 1 Kupferelektrode. — 1 Zinkelektrode (jeweils frisch zu amalgamieren). — 2 Platinblechelektroden (werden ausgegeben). — $^1/_{20}$ n. AgNO$_3$-Lösung. — 1 Pipette zu 10 ccm, 1 Meßkölbchen zu 100 ccm. — KCl (fest). — KJ (fest). — KCN (fest). — Fe(NH$_4$)$_2$(SO$_4$)$_2$ (fest). — KMnO$_4$ (fest). — HgCl$_2$-Lösung (zum Amalgamieren). — $^1/_{10}$ n. KCl-Lösung. — Verd. HCl. — 8 Drähte.

Ausführung. (Fig. 6.) Mit der **Poggendorffschen** Kompensationsmethode und einem Kapillarelektrometer[1]) als Null-Instrument ermittelt man durch Einschalten eines Normalelementes zunächst die elektromotorische Kraft des Akkumulators, der den Meßdraht speist, 5 Minuten nachdem der Akkumulator angeschlossen ist. Die EMK des angewendeten Weston-Normalelementes (Cd-Amalgam, bei 4^0 gesättigte $CdSO_4$-Lösung, ge-

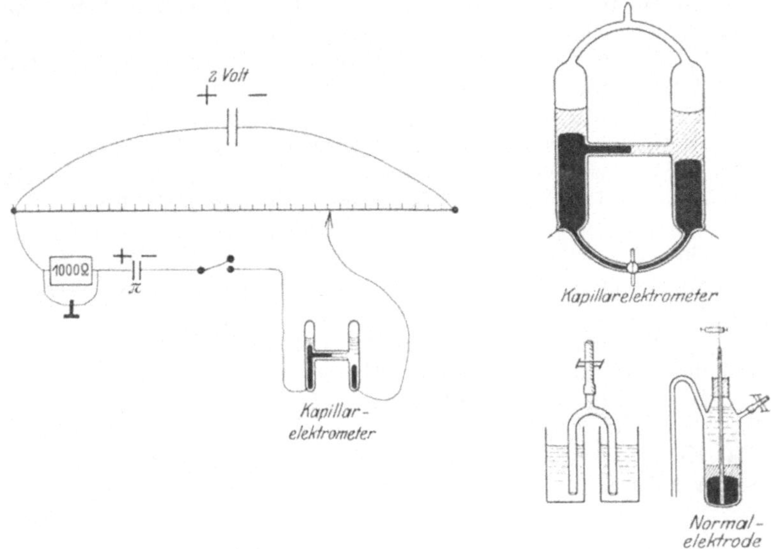

Fig. 6.

sättigte Hg_2SO_4-Lösung, Hg) beträgt 1,0186 Volt bei 20^0. Der Temperaturkoeffizient ist so klein, daß er meist vernachlässigt werden kann. (Vgl. Tabelle 9.)

---

[1]) Die aus der Zeichnung ersichtliche Form des Kapillarelektrometers ist äußerst bequem. Füllung: Hg und H_2SO_4 spez. Gew. 1,18 mit Hg_2SO_4 gesättigt. Das Gefäß ist oben zugeschmolzen, die Kapillare ist ca. 1 mm weit, durch den Glashahn trennt man die Quecksilbermengen. Ist der Hg-Meniskus in der Kapillare verunreinigt, so neigt man das Gefäß nach rechts, damit Hg an der Kapillare ausfließt. Hat man dies schon öfters gemacht, so kann man durch Neigen des Gefäßes nach links und Öffnen des Hahns Quecksilber wieder nach links bringen. Die Wirkungsweise des Kapillarelektrometers wird als bekannt vorausgesetzt. Hinter der Kapillare eine Mattscheibe, dahinter eine 8 Volt-Glühlampe. Vorn auf die Kapillare wird mit Kanadabalsam ein Deckgläschen geklebt. Zur Beobachtung dient ein kleines Mikroskop.

1. **Daniell - Element und Einzelpotentiale.** Es soll nun die EMK des Elementes Cu, $^1/_1$ n. $CuSO_4$, $^1/_1$ n. $ZnSO_4$, Zn bestimmt werden. Der Verbindungsheber wird mit $ZnSO_4$ gefüllt. (Warum nicht mit $CuSO_4$?) Das Zn soll frisch amalgamiert, das Cu frisch abgebeizt und verkupfert sein.

Um die Einzelpotentiale gegen die $^1/_{10}$ n. Kalomelelektrode (Hg (Metall) in mit HgCl gesättigtem $^1/_{10}$ n. KCl) zu bestimmen, wird diese mit ihrem Heber zunächst in das Gefäß mit dem Zn eingehängt. Dann wird die Potentialdifferenz gemessen. Nachher wird der Heber der Kalomelelektrode zur Messung in das Gefäß mit Cu eingehängt.

Man erhält so die Einzelpotentiale Zn in $^1/_1$ n. $ZnSO_4$ und Cu in $^1/_1$ n. $CuSO_4$, bezogen auf die Kalomelelektrode. Will man auf die $^1/_1$ n. Wasserstoffelektrode beziehen, so hat man der 0,335 Volt betragenden Differenz zwischen der $^1/_{10}$ n. Kalomelelektrode und der $^1/_1$ n. Wasserstoffelektrode Rechnung zu tragen. Die Differenz zwischen der $^1/_1$ n. Kalomelelektrode und der $^1/_1$ n. Wasserstoffelektrode beträgt — 0,283 Volt. Das Potential der Wasserstoffelektrode ist das unedlere.

Die Summe der beiden Einzelpotentiale muß übereinstimmen mit der EMK des Daniellschen Elementes.

2. **Konzentrationsketten.** In das eine Gefäß kommt $^1/_{20}$ n. $AgNO_3$-Lösung, in das andere $^1/_{200}$ n. $AgNO_3$-Lösung. Das Konzentrationsverhältnis ist also 1 : 10. Nach der Nernstschen Formel

$$\text{EMK} = \frac{R \cdot T}{n \cdot F} \ln \frac{C_1}{C_2}$$

soll für das Verhältnis der Konzentrationen 1 : 10 die EMK = 0,0578 sein.

Zur Messung kommt in jedes Gefäß eine Silberelektrode.

Fällt man nun in der konzentrierteren Lösung das Ag durch Zusatz von etwas KCl aus, so kehrt sich die EMK um, da AgCl nur wenig löslich ist. In diesem Gefäß sind also nun weniger Ag-Ionen als in dem mit $^1/_{200}$ n. $AgNO_3$-Lösung.

Setzt man KJ-Kristalle zu der mit AgCl gesättigten Lösung, so fällt noch mehr Ag aus. Die EMK steigt, weil die Zahl der Ionen abermals vermindert wird, da AgJ noch weniger löslich als AgCl ist. Bei dem Zusatz von KJ geht gleichzeitig das suspendierte weiße AgCl in gelbes AgJ über.

Bringt man nun das AgJ durch Zusatz von etwas KCN in Lösung, so steigt die EMK abermals, ein Beweis, daß die Ionenkonzentration wiederum kleiner geworden ist, weil in der in

Lösung gegangenen Verbindung $KAg(CN)_2$ das Ag im komplexen Anion und nicht mehr als Kation enthalten ist.

3. **Chemische Ketten.** In jedes Gefäß kommt eine Pt-Elektrode und eine mit etwas HCl angesäuerte $^1/_{10}$ n. KCl-Lösung. Dann wird der Verbindungsheber eingesetzt und vollgesaugt. In das Gefäß Nr. 1 kommen einige Kristalle $FeSO_4$, und dann wird die Spannungsdifferenz gemessen. Sie ist meist sehr inkonstant, da das Oxydationsmittel an der anderen Elektrode, der vom Platin okkludierte Sauerstoff, nicht ausreicht.

Eine Konstanz wird aber erreicht, wenn man einige $KMnO_4$-Kristalle in das Gefäß Nr. 2 gibt.

8. Beziehung zwischen der elektromotorischen Kraft und der Wärmetönung, wobei die Wärmetönung der Reaktion $Zn + CuSO_4$ bestimmt und zur Berechnung der EMK des Daniell-Elementes benutzt wird.

Besprechung. 4,2 Volt-Coulombs entsprechen 1 cal. Dies heißt, 4,2 Amp. erzeugen, wenn sie bei einem Volt Spannungsverlust eine Sekunde lang durch ein Leiterstück fließen, im Verlauf dieser einen Sekunde eine cal., d. h. eine Wärmemenge, die imstande ist, 1 g Wasser von 15^0 auf 16^0 zu erwärmen (eine Grammkalorie).

96 540 Coulombs entsprechen einem chemischen Äquivalent. Da 4,2 Volt-Coulombs = 1 cal sind, so entsprechen 96 540 Volt Coulombs einer Wärmemenge von 23 073 cal. Liefert nun die Reaktion zwischen je einem Grammäquivalent eine Wärmemenge von Q cal, so ist die EMK, die der Prozeß liefern könnte, wenn er sich in einem galvanischen Element, also indirekt, abspielt,

$$\pi = EMK = \frac{Q}{23073} \text{ Volt (Thomsonsche Regel).}$$

Beim Daniell-Element z. B. ist die Reaktion

$$\frac{1}{2} Zn + \frac{1}{2} CuSO_4 = \frac{1}{2} ZnSO_4 + \frac{1}{2} Cu + 25065 \text{ cal}$$

Hieraus berechnet sich die EMK zu

$$\pi = \frac{25065}{23073} = 1,09 \text{ Volt.}$$

Diese Berechnung ist aber nur möglich für Elemente mit geringem Temperaturkoeffizienten, und ein solches Element ist das Daniell-Element. Bei Elementen mit großem Temperaturkoeffizienten muß dieser berücksichtigt werden.

Die Formel lautet dann:

$$\pi = \mathrm{EMK} = \frac{Q}{23073} + \mathrm{T} \cdot \frac{d\pi}{dT}\ \ ^{1)}$$

Zubehör. 1 Kupferzylinder. — 1 Zinkzylinder (jeweils frisch zu amalgamieren). — 1 Tondiaphragma. — 1 zylindrisches Glasgefäß dazu. — 1 Weinholdsches Gefäß. — 1 Thermometer. — 1 Voltmeter bis 2 Volt. — 1 Glasstab mit Gummikappe. — 1 Meßkölbchen zu 100 ccm. — 1 Pipette zu 20 ccm. — $HgCl_2$-Lösung (zum Amalgamieren). — $^1/_1$ n. $CuSO_4$-Lösung. — $^1/_1$ n. $ZnSO_4$-Lösung. — Zinkwolle (je 2 g zu benutzen). — 6 Drähte.

Ausführung. In ein Weinholdsches Gefäß (vgl. Fig. 5) gibt man 20 ccm einer normalen $CuSO_4$-Lösung und dazu 100 ccm dest. Wasser aus einem Meßkölbchen. Mit Hilfe eines in Zehntelgrade geteilten Thermometers wartet man unter gelegentlichem Umrühren ab, bis sich die Temperatur wenig mehr ändert. Wenn die Temperatur nicht ganz konstant wird, dann stellt man fest, um wieviel sie sich in 5 Minuten ändert.

Hierauf wägt man ca. 2 g Zn-Wolle (von Kahlbaum, Berlin) ab und lockert sie so auf, daß sie nach dem Hineinwerfen in das Weinholdsche Gefäß möglichst viel von dem Flüssigkeitsraum erfüllt, damit sich dann an allen Stellen Zn zur Ausfällung des Cu vorfindet.

Kurz bevor man die Zn-Wolle hineinwirft, notiert man die Temperatur der $CuSO_4$-Lösung, und nach dem Einwerfen rührt man mit einem Glasstab mit Gummikappe so lange um, als die Temperatur noch steigt. Man höre nicht auf zu rühren, wenn man die Lösung für farblos hält, denn die letzten Reste $CuSO_4$ kann man an der Farbe nicht mehr erkennen, sondern warte bis die Temperatur wieder zu fallen beginnt. Die Differenz der Maximaltemperatur und der Temperatur kurz vor dem Einwerfen der Zn-Wolle ist die Temperaturerhöhung. Da rund 120 g Wasser um diese Differenz erwärmt worden sind, ist die Wärmetönung = 120 mal Temperaturerhöhung cal.

Erzeugt wurde diese Wärmemenge durch die Reaktion zwischen 20 ccm $^1/_1$ n. $CuSO_4$-Lösung und einer äquivalenten Menge Zink.

20 ccm $^1/_1$ n. Lösung enthalten $^1/_{50}$ Grammäquivalent. Die Wärmetönung für ein ganzes Grammäquivalent wäre also 50 mal so groß wie die gefundene, das ist

50 . 120 . Temperaturerhöhung cal.

$^1)$ $\dfrac{d\pi}{dT}$ ist der Temperaturkoeffizient.

Da das Daniell-Element einen sehr geringen Temperatur-koeffizienten hat, so berechnet sich aus der Wärmetönung Q cal die EMK nach der Thomsonschen Regel:

$$EMK = \frac{Q}{23073} \cdot$$

Durch Aufbau eines kleinen Daniell-Elementes mit Hilfe eines Cu-Zylinders und eines frisch amalgamierten Zn-Zylinders und normaler $CuSO_4$-bzw. $ZnSO_4$-Lösung unter Verwendung eines Glasbechers und einer porösen Tonzelle kann man sich durch Messung der Spannung mit einem Voltmeter von der Berechtigung obiger Betrachtung überzeugen.

D. Weitere Gesichtspunkte für die Elektrolyse.

9. Zersetzungsspannung, Überspannung und Polarisation.

Besprechung. a) Zersetzungsspannung. Während man bei der Elektrolyse einer $CuSO_4$-Lösung zwischen Cu-Elektroden schon bei minimalen Klemmenspannungen dauernden Strom-durchgang erhält, wobei an der Anode sich Cu löst, an der Kathode abscheidet, erfordern Elektrolysen, bei denen andere, neue Produkte auftreten, eine Minimalspannung.

Unter dieser, der Zersetzungsspannung eines Elektrolyten, versteht man diejenige Potentialdifferenz, die man mindestens aufwenden muß, um an unlöslichen Elektroden einer Zersetzungs-zelle so viel Kationen und Anionen abzuscheiden, daß ein lebhafter, dauernder Stromdurchgang stattfindet. Wenn man eine elektro-motorische Kraft einschaltet, die geringer ist als die Zersetzungs-spannung, z. B. bei $^1/_{10}$ n. Natronlauge geringer als 1,69 Volt, so erfolgt wohl ein Stromstoß, den man in einem eingeschalteten Ampèremeter beobachten kann, aber die Ampèremeternadel kehrt nahezu wieder in die Null-Lage zurück. Ein lebhafter und dauernder Strom und eine dauernde Abscheidung von gasförmigen Zersetzungsprodukten des Elektrolyten tritt erst dann ein, wenn man die sog. Zersetzungsspannung, in diesem Falle also 1,69 Volt, überschritten hat. Wenn man auf Millimeterpapier die Stromstärke als Ordinate, die angewandte Spannung als Abszisse aufträgt, so erhält man Kurven, die einen mehr oder minder ausgeprägten Knickpunkt zeigen. Die zum Knickpunkt gehörige Spannung

ist die Zersetzungsspannung. In Tabelle 7 sind einige Zersetzungsspannungen für einfach normale Lösungen angegeben.

Für Säuren und Basen findet man Werte, die im allgemeinen
nicht über 1,69 Volt gehen, wenn an der Anode Sauerstoff und an
der Kathode Wasserstoff entwickelt wird. Bromionen und
Jodionen erfordern geringere Spannung zur Abscheidung. Entsprechend der geringeren Wärmetönung der zur Zersetzung ge-
langenden Bromwasserstoffsäure und Jodwasserstoffsäure ist
bei diesen Säuren die Zersetzungsspannung kleiner, für erstere
0,94 und für letztere 0,52 Volt. Kleiner als 1,69 Volt ist die
Zersetzungsspannung auch dann, wenn der entstehende Sauerstoff
zur Oxydation der betreffenden Säure verbraucht wird, wenn
also die Säure selbst depolarisierend wirkt, wie z. B. die Oxalsäure.

b) Überspannung. Das bisher Gesagte gilt z. B. für
Elektroden ohne Überspannung, rauhe Platinelektroden und
rauhe Nickelelektroden. Versucht man Normal-Schwefelsäure
mit einer Platinanode, aber einer Bleikathode statt einer Platinkathode zu zersetzen, so braucht man für dieselbe Stromstärke
bei sonst gleichen Verhältnissen erheblich höhere Badspannung,
und zwar rührt dies daher, daß am Blei die Abscheidung des Wasser
stoffs in Gasform erheblich mehr Arbeit erfordert als am Platin.
Es besteht demnach ein wesentlicher Einfluß des Elektrodenmaterials auf die Zersetzungsspannung, und man nennt die
Spannung, um die die Zersetzungsspannung bei einzelnen Metallen
größer ist als am platinierten Platin, die Überspannung. Sie
hat, wenn man die Anode konstant läßt und statt einer platinierten
Platinkathode andere Metalle nimmt, folgende Beträge: Kupfer
0,23 Volt, Blei 0,64 Volt, Zink 0,70 Volt, Quecksilber 0,78 Volt.
(Vergleiche Tabelle 8.) Eine Anwendung dieser Tatsache werden
wir bei der Reduktion der Kohlensäure zu Ameisensäure kennen
lernen.

c) Polarisation. Unterbricht man den elektrolysierenden
Strom, so zeigen die Elektroden eine Spannungsdifferenz gegen-
einander, auch wenn sie vor der Elektrolyse keine gehabt haben.
An Nickelelektroden kommt dies z. B. von der Wasserstoff- bzw.
Sauerstoffbeladung her, bzw. durch die Bildung von $Ni(OH)_3$
auf der Anode. Derartige durch chem. Veränderungen, d. i. durch
Ausbildung chemischer und anderer Ketten während der Elektro-
lyse auftretende, entgegengesetzt gerichtete Spannungen heißen
Polarisationsspannungen.

Zubehör. 2 Glaströge (Querschnitt 11 × 4 cm, Höhe 22 cm). —
2 Nickelbleche (10 × 20 cm groß, 0,5 mm dick). — 3 Kupferbleche

(10 × 20 cm groß, 0,5 mm dick). — 1 Bleiakkumulator. — 1 Schiebewiderstand mit 6 Ohm. — 1 Präzisionsvoltmeter mit 250 Ohm Widerstand und mit einem Meßbereich bis 2 Volt. — 1 Milliampèremeter bis 100 Milliamp. — $^1/_{10}$ n. NaOH-Lösung; $^1/_1$ n. $CuSO_4$-Lösung. — 7 Leitungsdrähte. — Millimeterpapier.

Ausführung. (Fig. 7.) Es soll die Zersetzungsspannung von $^1/_{10}$ n. Natronlauge bestimmt werden. Hierbei kann

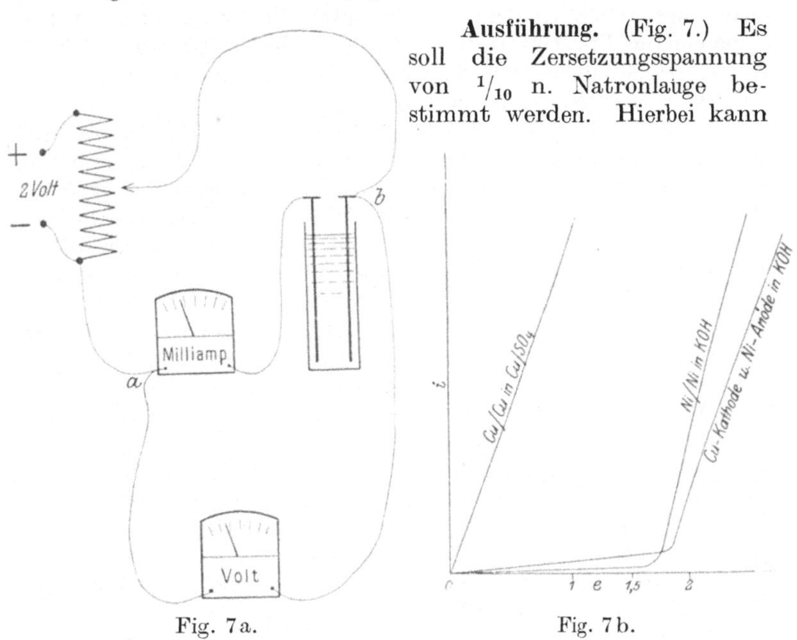

Fig. 7a.   Fig. 7b.

man ohne Platinelektroden auskommen und Nickelelektroden verwenden. Wenn die Nickelkathode nicht poliert, sondern etwas rauh ist, so zeigt sie keine Überspannung, man erhält also damit die normalen Werte. Die Nickelanode wird in chlorfreier Natronlauge kaum angegriffen.

Um bei der Bestimmung der Zersetzungsspannung mit Laboratoriumsinstrumenten auszukommen, werden die Abmessungen der Elektroden ziemlich groß genommen: Höhe 20 cm, Breite 10 cm, Dicke 0,5 mm. Sie werden in einem schmalen Glastrog von 22 cm Höhe, 11 cm Breite in einem Abstand von 4 cm aufgehängt; der Glastrog faßt 1 Liter Lösung. Die Schaltung ergibt sich aus beistehender Fig. 7. Man mißt mit einem Voltmeter von etwa 250 Ohm Widerstand und einem Meßbereich bis 2 Volt die Spannungsdifferenz zwischen den Punkten a und b. Der Punkt a ist mit dem festen Ende eines Schiebewiderstandes von 6 Ohm verbunden, der Punkt b mit dem Gleitkontakt Da an den Schiebewiderstand ein Bleiakkumulator angelegt ist, so kann man durch Verschieben des Gleitkontaktes wachsende Spannungen bis zu 2 Volt an die Nickelelektroden anlegen. Der Spannungsverlust in dem Ampèremeter (ein gewöhnliches Milliampèremeter bis 100 Milliampères von der Firma Paul Meyer, Berlin) ist klein gegen über dem in der übrigen Leitung (Zersetzungszelle usw.), deshalb wird er vernachlässigt.

a) Legt man z. B. 1,2 Volt durch entsprechendes Verschieben des Gleitkontaktes an, so beobachtet man im Ampèremeter einen Stromstoß, der aber nach einiger Zeit wieder schwächer wird. Man liest von halber zu halber Minute ab, indem man gleichzeitig die Spannung, falls sie nicht mehr genau 1,2 Volt sein sollte, nachreguliert. Man wartet, bis der Wert für die Stromstärke konstant wird.

Dann erhöht man die Spannung auf 1,3 Volt und wartet wieder Konstanz der Stromstärke ab und fährt so fort bis 2 Volt, von Versuch zu Versuch um $^1/_{10}$ Volt steigend. Bei einer Spannung von 2 Volt ist an beiden Elektroden schon lebhafte Gasentwicklung, also die Zersetzungsspannung bereits überschritten. Man geht nun mit der Spannung auf 1,9 Volt und dann jeweils um $^1/_{10}$ hinab bis 1,5 und notiert sich ebenfalls die Endwerte für die Stromstärken. Trägt man auf Millimeterpapier die Milliampères auf der Ordinate auf (1 Millimeter bedeute 2 Milliampères) und die Klemmenspannung in Volt auf der Abszisse (1 cm bedeute $^2/_{10}$ Volt), so erhält man eine Kurve (Strom-Spannung-Kurve), aus der man ersieht, daß die Stromstärke mit zunehmender Spannung erst sehr langsam, aber zwischen 1,6 und 1,7 Volt sehr schnell anwächst. Besonders übersichtlich wird die Kurve, wenn man auch den Nullpunkt des Koordinatensystems damit verbindet, denn bei der Klemmenspannung Null zwischen den Nickelelektroden ist natürlich auch die Stromstärke Null.

Bei dem Versuche unterbreche man auch einmal den Strom und überzeuge sich von der Polarisationsspannung.

b) Statt der Nickelkathode wird jetzt eine Kupferblechkathode eingesetzt und in gleicher Weise wird wie vorhin die Stromspannungskurve ermittelt. Unterhalb des Zersetzungspunktes der Natronlauge erhält man größere Stromstärken für die gleiche angelegte Spannung als bei Verwendung der Nickelkathode, bei höherer Spannung sind die Stromstärken mit der Kupferkathode kleiner. So z. B. beobachtet man, daß man mit 2 Volt über 100 Milliampères bei Verwendung der Nickelkathode, aber nur 40 Milliampères bei der Kupferkathode erhält, bzw

um 40 Milliampères durch die Zelle zu schicken, braucht man
bei Anwendung einer Nickelkathode 1,8 Volt und bei Anwendung
einer Kupferkathode 2 Volt. Die Kupferkathode erfordert demnach zur Wasserstoffentwicklung eine Überspannung von ca. 0,2 Volt
im Vergleich zur Nickelkathode. Vgl. die Tabelle 8.

' Die Kupferkathode verhält sich also bei der Wasserstoffentwicklung, als ob sie um 0,2 Volt unedler wäre als die Nickelkathode.
Hieraus sieht man, daß die Überspannung mit der Stellung des
Metalles in der Spannungsreihe nichts zu tun hat; denn strom-
loses Kupfer ist erheblich edler als Nickel, zwischen beiden steht
in der Spannungsreihe der Wasserstoff. So wird Nickel von Salzsäure gelöst unter Wasserstoffentwicklung, Kupfer dagegen nicht,
und umgekehrt kann man Kupfer aus saurer Lösung an der
Kathode ausfällen, Nickel dagegen erst, nachdem man durch
Neutralisation die Wasserstoffionen zum Verschwinden gebracht
hat. Stellt man ein galvanisches Element zusammen, Kupfer in
normaler Kupfersulfatlösung gegen Nickel in normaler Nickel-
sulfatlösung, so erhält man eine elektromotorische Kraft von
0,93 Volt, wobei Kupfer edler ist als Nickel.

Alle diese Bemerkungen sollen nur dazu dienen, darauf
hinzuweisen, daß die Überspannung mit der Stellung des Metalles
in der elektrochemischen Spannungsreihe nichts zu tun hat.
Ihre Größe hängt nur von der Leichtigkeit ab, mit welcher der an
der Elektrode abgeschiedene Wasserstoff in Form von Gasbläschen
entweichen kann.

c) Schließlich nehme man die Stromspannungskurve für
$^1/_1$ n. $CuSO_4$-Lösung zwischen Kupferelektroden auf. Entsprechend
der Tatsache, daß hier keine neuen chemischen Produkte auftreten, beobachtet man auch keinen nennenswerten Spannungsverbrauch und kaum eine Polarisation, wovon man sich außerdem
durch Stromunterbrechung überzeugt. Die minimale Spannung e,
die verbraucht wird, ist $= i \cdot w$, also der Stromstärke proportional. (Dazu kommt allerdings eine äußerst geringe Polarisationsspannung durch die Konzentrationsänderung des Elektrolyten.
Er wird an der Anode etwas konzentrierter, an der Kathode verdünnter. Vgl. Konzentrationsketten in Nr. 7.) Man trage auch
hier die Stromspannungskurve auf Millimeterpapier auf.

10. Elektrolyse eines Gemisches von Ferro- und Ferrisulfat mit und ohne Tondiaphragma, Bedeutung des Diaphragmas.

Besprechung: Elektrolysiert man ein Gemisch von Ferro-
und Ferrisulfat, das mit Schwefelsäure angesäuert ist, unter
Benutzung von Bleielektroden ohne Anwendung eines Diaphrag-

mas, so wird an der Kathode Ferrisulfat reduziert werden zu Ferrosulfat, und an der Anode wird das in der Lösung vorhandene Ferrosulfat oxydiert zu Ferrisulfat. Wenn die Stromausbeute an beiden Elektroden 100 % beträgt (in bezug auf die Oxydation bzw. Reduktion des Elektrolyten), so ändert sich der Elektrolyt in seiner Gesamtheit nicht, da bei Abwesenheit des Diaphragmas die Kathodenflüssigkeit und die Anodenflüssigkeit sich immer wieder vermischen. Unter einem Diaphragma versteht man in der Elektrochemie trennende Wände, welche imstande sind, etwas von dem Elektrolyten aufzusaugen und dadurch leitend zu werden. und die andererseits eine Vermischung der Anodenflüssigkeit (Anolyt) und der Kathodenflüssigkeit (Katholyt) verhindern. Am wirksamsten geschieht dies natürlich, wenn der Flüssigkeitsspiegel im Anoden- und Kathodenraum gleich hoch liegt, anderenfalls wird langsam durch den hydrostatischen Druck etwas von der höheren Flüssigkeitssäule durch das Diaphragma strömen. Wieviel, das hängt von der Porosität ab. Das Material für die Diaphragmen wird sehr verschieden gewählt. Für saure oder neutrale Elektrolyte verwendet man Tondiaphragmen, für alkalische Elektrolyte kann man auch Diaphragmen aus porösem Zement benutzen. Andere Diaphragmen-Materialien sind: Asbestplatten, Asbestgewebe, Gewebe aus Glaswolle, Gewebe aus Baumwolle (für alkalische Lösungen), Säckchen aus Seide. Pergamentpapier.

Bei Anwendung eines Diaphragmas werden Anolyt und Katholyt getrennt gehalten, es bleibt also bei der Elektrolyse eines Gemisches von Ferro- und Ferrisulfat das an der Anode erzeugte Ferrisulfat im Anodenraum, so daß sich schließlich nur noch Ferrisulfat darin befindet, und im Kathodenraum befindet sich schließlich nur noch Ferrosulfat.

Die Wanderung der Eisenionen vom Anodenraum durch das Diaphragma in den Kathodenraum ist bei Anwendung einer angesäuerten Lösung geringfügig, da der Stromtransport hauptsächlich durch die fünfmal schneller wandernden Wasserstoffionen geschieht (vgl. die Wanderung der Hydroxylionen durch das Diaphragma bei der Chloralkalielektrolyse (Nr. 28) und die dadurch entstehende Verminderung der Stromausbeute. ferner Tabelle 5).

Von der Richtigkeit des eben Gesagten kann man sich leicht überzeugen, wenn man zunächst einige Kubikzentimeter der Ausgangslösung mit $^1/_{10}$ n. Permanganat titriert; hierdurch erfährt man den Gehalt an Ferrosulfat. Dann überzeuge man sich nach der Elektrolyse ohne Diaphragma, ob die Lösung noch den gleichen

Ferrosulfatgehalt hat, und schließlich bestimme man nach der Elektrolyse mit Diaphragma die Vermehrung bzw. Verminderung des Ferrosulfatgehaltes im Kathoden- bzw. Anodenraum.

Zubehör. 8-Volt-Leitung. — 1 rundes Glasgefäß. — 1 hineinpassende Tonzelle. — 2 Bleielektroden. — 1 Kupfercoulometer. — 1 Ampèremeter bis 2 Amp. — 1 Widerstand bis 125 Ohm. — 2 Klemmen. — 1 Erlenmeyerkolben. — 1 Pipette zu 10 ccm. — 1 Bürette mit Stativ. — 6 Drähte. — $FeSO_4 + Fe_2(SO_4)_3$ - Lösung (ca. 5 g Fe^{III}, 5 g Fe^{II}, 20 g freie H_2SO_4 im Liter). — $^1/_{10}$ n. $KMnO_4$-Lösung. — 5 Drähte.

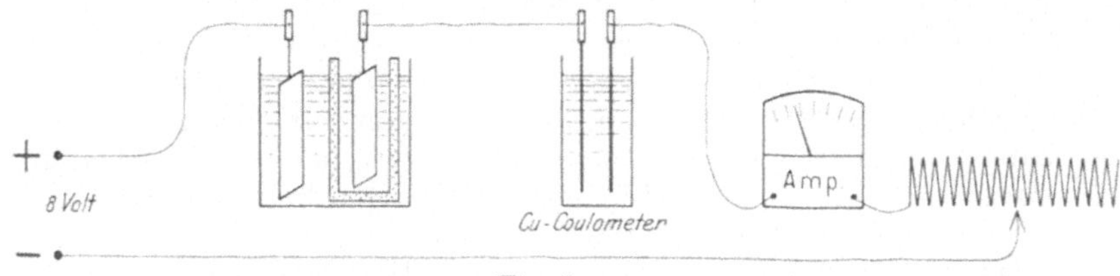

Fig. 8.

Ausführung. (Fig. 8.) Im Stromkreis befindet sich ein Ampèremeter bis 2 Amp, ein Regulier-Widerstand bis 125 Ohm und ein Cu-Coulometer. Man verwendet eine Lösung von 25 g $FeSO_4 + 7 H_2O$, 18 g $Fe_2(SO_4)_3$, 11 ccm konz. H_2SO_4, auf 1 L aufgefüllt.

Davon werden 200 ccm mit Bleielektroden ohne Diaphragma mit 0,3 Amp. (Stromdichte etwa 2 Amp./qdm.) eine halbe Stunde elektrolysiert.

Vor und nachher wird der Ferrosalzgehalt durch Titration von 10 ccm mit $^1/_{10}$ n. Permanganat ermittelt und die Stromausbeute berechnet (Cu-Gewicht).

Dann teilt man die elektrolysierte Lösung. 40 ccm kommen in die Tonzelle, 150 ccm außen hin, dann wird wie oben elektrolysiert, titriert und für beide Räume die Stromausbeute bestimmt.

11. Bedeutung der Stromdichte und der Konzentration der zu oxydierenden Substanzen. Oxydation von Oxalsäure.

Besprechung. Sowohl bei Oxydation wie bei Reduktion spielt, abgesehen von der Art des Elektrodenmaterials und damit der Größe des Elektrodenpotentials, die Stromdichte eine bedeutende Rolle. Wenn man Oxalsäure mit höheren oder mit kleineren Stromdichten anodisch oxydiert, so bekommt man sehr verschiedene Ergebnisse. Dies kann man am einfachsten dadurch zeigen, daß man ein Gefäß anwendet, welches eine große und eine kleine Bleielektrode enthält. Man läßt alle Bedingungen bei beiden Versuchen vollkommen gleich, nur benutzt man das einemal die kleine Elektrode als Anode, arbeitet also mit höherer anodischer Stromdichte; das zweitemal benutzt man die große Elektrode als Anode, arbeitet also mit niedriger anodischer Stromdichte. Man kann nun leicht feststellen, in welchem von beiden Fällen die Konzentration der Oxalsäure stärker abgenommen hat (die Oxalsäure wird an der Anode zu Kohlensäure oxydiert). Bei Anwendung einer geringeren Stromdichte geht die Oxydation mit besserer Stromausbeute vor sich, weil mehr Oxalsäure sich in Berührung mit dem Flächenstück der Anode befindet, welche als Übergangsstelle für eine bestimmte Stromstärke dient. Dementsprechend fällt die Stromausbeute besser aus, wenn die Oxalsäurelösung unter sonst gleichen Bedingungen konzentrierter ist, wovon man sich leicht durch Vergleichsversuche mit Oxalsäurelösungen verschiedener Konzentration überzeugen kann. Auch wenn man durch Rühren die Oxalsäure an der Anode rasch erneuert, wird die Stromausbeute höher   (Vgl. auch: Allgemeines über Schnellelektroanalyse.)

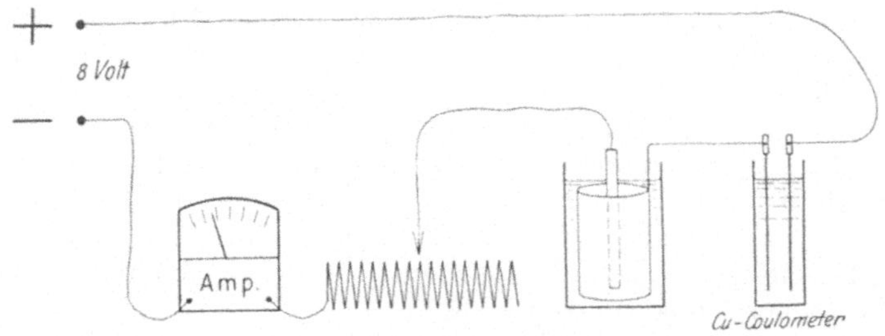

Fig. 9.

Zubehör. 8 - Volt-Leitung. — 1 Glastrog (zylindrisch). — 1 Bleizylinder. — 1 Bleistreifen. — 1 Kupfercoulometer. — Kupferbleche dazu. — 1 Ampèremeter bis 2 Amp. — 1 Widerstand zu 20 Ohm. — 1 Bürette mit Stativ. — 1 Meßkolben zu 250 ccm. — 1 Pipette zu 100 ccm und 1 zu 25 ccm. — 1 Erlenmeyerkolben. — 5 Drähte. — Oxalsäurelösung (60 g $(COOH)_2$ + 50 g conc. H_2SO_4 zu 1 L. aufgefüllt). — $^1/_{10}$ n.-Kaliumpermanganatlösung.

Ausführung. (Fig. 9.) Von einer vorrätig gehaltenen Lösung, die im Liter 60 g Oxalsäure und 50 g konz. Schwefelsäure enthält, werden 25 ccm entnommen und in einem Meßkolben auf 250 ccm verdünnt.

Zunächst entnimmt man von dieser verdünnten Lösung
25 ccm und titriert sie auf dem Wasserbade bei ca 70^0 mit $^1/_{10}$ n.
Permanganat unter Zusatz von ca. 10 ccm verdünnter Schwefelsäure. Damit das Permanganat sofort verschwindet, kann man einen
kleinen Kristall von Mangansulfat zusetzen, anderenfalls dauert
bekanntlich anfangs die Entfärbung etwas lange, bis sich genügend
Mangansulfat gebildet hat.

In einem zylindrischen Glasgefäß von 8,5 cm Höhe und
5,5 cm Durchmesser befindet sich ein größerer Bleizylinder von
der gleichen Höhe wie das Glasgefäß und etwas kleinerem Durchmesser. Konzentrisch zu ihm wird ein Bleistreifen von 1 cm
Breite eingesetzt, der etwa 6 cm tief eintaucht. Die innere Oberfläche des großen Bleizylinders ist demnach ca. 90 qcm, die
Oberfläche des Streifens ist 12 qcm. In dieses Gefäß füllt man
100 ccm der verdünnten Oxalsäurelösung ein. Der Bleizylinder
sei Kathode, der Bleistreifen Anode. Als Stromquelle dient die
8-Volt-Leitung. Im Stromkreis befinden sich ein Ampèremeter
bis 2 Amp., ein Regulierwiderstand und ein Kupfercoulometer.

Man elektrolysiert mit einer Stromstärke von 0,75 Amp.
eine halbe Stunde lang; die anodische Stromdichte beträgt also
ca. 6 Amp. pro qdm, die kathodische 0,8 Amp. pro qdm. Die
anodische Stromdichte ist demnach 7$\frac{1}{2}$ mal so groß wie die
kathodische.

Nach einer halben Stunde unterbricht man den Strom, bestimmt die Gewichtszunahme im Kupfercoulometer und titriert
in der oben beschriebenen Weise 25 ccm der elektrolysierten
Oxalsäurelösung. Man wird dabei feststellen, daß etwa die Hälfte
durch elektrolytische Oxydation verschwunden ist.

Man füllt nun das Elektrolysiergefäß mit frischer verdünnter
Oxalsäure, und zwar abermals mit 100 ccm und verfährt nun in
genau derselben Weise wie vorhin, nur daß man diesmal den
Bleizylinder zur Anode macht, den Bleistreifen aber zur Kathode.
Man elektrolysiert also diesmal mit einer anodischen Stromdichte,
die nur den 7,5. Teil von der vorigen beträgt. Nach Ablauf der
gleichen Zeit wie beim ersten Versuch bestimmt man der Kontrolle
halber wieder das Gewicht des Kupferniederschlages im Coulometer und titriert wiederum 25 ccm der elektrolysierten Flüssigkeit.
Man wird feststellen, daß durch elektrolytische Oxydation diesmal
weit mehr Oxalsäure oxydiert worden ist, daß also erheblich
weniger übrig geblieben ist als das vorige Mal, nämlich nur $^1/_5$ des
Anfangsgehaltes.

Die Versuche lehren, daß im allgemeinen die Stromausbeuten besser werden, wenn man mit geringer Stromdichte

arbeitet. Durch weitere Versuche mit konzentrierteren Oxalsäurelösungen kann man ferner feststellen, daß die Stromausbeuten auch besser werden, wenn die Lösungen an den zu oxydierenden bzw. reduzierenden Produkten reicher sind.

Ferner läßt sich leicht durch Einblasen von Luft oder andere Rührmethoden (Rotierende Elektroden oder Glasrührer) der Vorteil der Flüssigkeitsbewegung, also der Elektrolyterneuerung dicht an der Elektrode zeigen.

E. Stromerzeugung und -aufspeicherung.

12. Zusammensetzung der gebräuchlichen Elemente (Daniell, Bunsen, Chromsäure und Leclanché). Messung der EMK und des Verhaltens bei Stromentnahme. Strom-Spannungskurve. Ferner Entlade- und Ladekurven für Blei- und Edisonakkumulator.

Besprechung. Zusammensetzung der gebräuchlichen Elemente (vgl. Tabelle 9). Im Daniell-Element verwendet man an der Kupferelektrode eine gesättigte Lösung von Kupfersulfat, um die Kapazität zu erhöhen und um den osmotischen Druck der Kupferionen möglichst groß zu machen; andererseits verwendet man an der amalgamierten Zinkelektrode außerhalb eines Diaphragmas verdünnte Schwefelsäure oder verdünnte Zinksulfatlösung, um möglichst wenig Zinkionen zu haben; beides bewirkt, daß die Spannung des Daniell-Elementes ein Maximum wird.

Im Daniell-Element dient das Kupfersulfat als Depolarisator. Diesen Zweck erfüllt im Bunsen-Element die konzentrierte Salpetersäure an der Kohle- oder Graphitelektrode. Im Chromsäure-Element wird die Salpetersäure durch die geruchlose Chromsäure ersetzt.

In beiden Elementen befindet sich das Zink durch ein Diaphragma von den Oxydationsmitteln getrennt in verdünnter Schwefelsäure oder in Zinksulfatlösung.

Das Leclanché-Element hat einen festen Depolarisator und benötigt deshalb kein Diaphragma. Er besteht aus Braunstein, MnO_2, der mit Kohle vermischt wird, um seinen Widerstand zu verringern. Als Elektrolyt dient Ammoniumchloridlösung.

Bei allen diesen vier Elementen geht bei Stromentnahme Zink als Zinkion in Lösung. Beim Daniell-Element wird Kupfer an der Austrittsstelle der positiven Elektrizität abgeschieden. Beim Bunsen-Element wird durch entladene Wasserstoffionen die Salpetersäure, beim Chromsäure-Element die Chromsäure, beim Leclanché-Element durch entladene Ammoniumionen das Mangandioxyd reduziert. Bei dem letzteren Element entsteht primär aus $Mn(OH)_2$ und Ammoniak eine ammonikalische Lösung von Manganhydroxyd, aus der der Luftsauerstoff wieder höhere Manganoxyde ausfällt, die erneut depolarisierend wirken können.

Wenn man die Elemente gleich groß baut, d. h. gleiche Elektrodenflächen anwendet, und alle mit der gleichen Stromstärke entlädt, so beobachtet man, daß die Klemmenspannung verschieden schnell abfällt. Die einen, z. B. das Bunsen- und Chromsäure-Element, gestatten die Entnahme ziemlich großer Stromstärken, bei den anderen fällt bei Entnahme dieser Stromstärke die Klemmenspannung sehr bald ab. Dies rührt, abgesehen vom Spannungsverlust durch den inneren Widerstand, im wesentlichen daher, daß die Depolarisationsgeschwindigkeit des betreffenden Oxydationsmittels nicht bei allen Elementen gleich groß ist.

Entsprechend der Verschiedenheit der chemischen Gesamtvorgänge in den einzelnen Elementen ist auch die elektromotorische Kraft der einzelnen Elemente verschieden groß.

Im folgenden sollen nun die vier Element-Typen zusammengesetzt und untersucht werden. Ferner beobachte man, welche Zeit die einzelnen Elemente zu ihrer Erholung gebrauchen. Die sogenannte Erholung beruht darauf, daß nach Stromunterbrechung allmählich der Depolarisator wieder in die Nähe der Elektrode herandiffundiert, solange überhaupt noch solcher vorhanden ist, und das Element von neuem gebrauchsfähig macht. Entsprechende Versuche führe man für einen kleinen Bleiakkumulator und einen kleinen Edinsonakkumulator aus.

Zubehör. 4 Glasbecher (Durchmesser $6\frac{1}{2}$ cm, Höhe 8 cm). — 4 Tondiaphragmen (Durchmesser $3\frac{1}{2}$ cm, Höhe 7 cm). — 4 amalgamierte Zinkzylinder (als äußere Elektroden, mit Klemmen). — 3 Kohlezylinder (als innere Elektroden, mit Klemmen). — 1 Kupferzylinder (als innere Elektrode, mit Klemme). — 1 kleiner Bleiakkumulator. — 1 kleiner Edisonakkumulator. — 1 Ampèremeter bis 1 Amp. — 1 Präzisionsvoltmeter (250 Ohm Widerstand und mit einem Meßbereich bis 2 Volt). — 1 Widerstand mit 1.8 Ohm. — Normale Schwefelsäure. — Gesättigte Kupfersulfatlösung. — 10 proz. Ammoniumchloridlösung. — Gekörnter Braunstein (erbsengroß). — Chromsäurelösung (10 % $K_2Cr_2O_7$; 10 % H_2SO_4, 80 % H_2O). — 5 Drähte. — Millimeterpapier.

Ausführung. (Fig. 10.) Man fülle zuerst in die vorher gewässerten Tonzellen die Salpetersäure bzw. Chromsäure bzw. die gesättigte Kupfersulfatlösung ein, warte, bis die Zellen davon durchtränkt sind, und setze sie dann in die Glasgefäße. In diese kommen

3*

ferner dicke Zinkzylinder, die amalgamiert sind, und als Elektrolyt
kommt in alle drei normale Schwefelsäure. In die Tonzelle zum
Depolarisator werden die Kohleelektroden eingesetzt.

Für das Leclanché-Element setzt man gleich die Kohleelektrode in die Tonzelle ein und umgibt sie mit erbsengroßen
Stücken Braunstein. Hier hat die Tonzelle nur den Zweck, den
Braunstein zusammenzuhalten. In sie kommt 10 proz. Chlor-
ammoniumlösung. Man wartet wieder, bis die Lösung anfängt

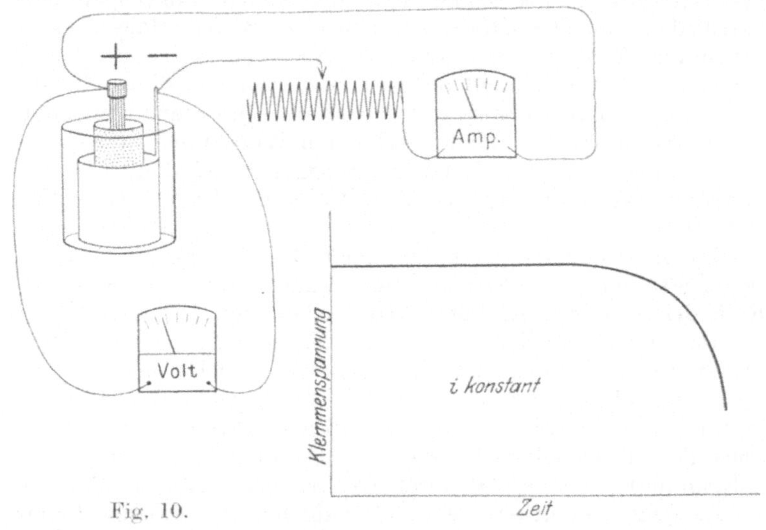

Fig. 10.

durch die Zelle durchzudringen, setzt sie dann in das Glasgefäß
ein, bringt den Zinkzylinder dazu und füllt auch diesen Zwischenraum zwischen Glas und Tonzelle mit 10 proz. Chlorammonium-
lösung.

Mit einem Präzisionsvoltmeter (250 Ω) mißt man nun
die Klemmenspannung der vier Elemente und beobachtet, ob
sie konstant bleibt. Dann entlädt man jedes Element mit 0,4
Ampères und stellt fest, indem man die Stromstärke konstant
hält, wie sich die Klemmenspannung mit der Zeit verändert.
Durch Multiplikation der Klemmenspannung mit der Stromstärke
erhält man die Anzahl Watt, die man dem Element entnehmen
kann. Man vergleiche die Leistungsfähigkeit der vier Elemente
miteinander.

Falls man bei einem Element nicht 0,4 Amp. dauernd entnehmen kann, so entlade man mit einer kleineren Strom-

stärke, z. B. 0,2, und ermittle hieraus die Leistungsfähigkeit in Watt.

Ein kleiner Bleiakkumulator und ein Edisonakkumulator werden ebenfalls auf ihre elektromotorische Kraft geprüft und dann mit 0,4 Amp. entladen, bis die Spannung um 10 % des Anfangswertes gefallen ist. Wenn dies eingetreten ist, wird der Bleiakkumulator und nachher auch der Edisonakkumulator wieder mit derselben Stromstärke aufgeladen, bis die Spannung ihr Maximum erreicht hat. Man erhält so Entladekurven und Ladekurven für die beiden Akkumulatoren. Trägt man dieselben graphisch auf (vgl. Fig. 13), so ist der Raum zwischen der Lade- und Entladekurve für jeden Akkumulator ein Maß für den Verlust an Energie; denn je mehr die Spannung bei der Entladung unter der bei der Ladung liegt, umso ungünstiger ist das Verhältnis der wiedergewinnbaren zur aufgewendeten Energie.

Näheres über Edisonakkumulatoren siehe Foerster: „Elektrochemie wäßriger Lösungen.“

13. Die verschiedenen Typen des Blei-Akkumulators, Formation nach Planté, Pastierung nach Faure und Schnellformation für Groß-Oberflächenplatten. Ladungs- und Entladungskurven.

Besprechung. Elektrolysiert man verdünnte Schwefelsäure (z. B. Schwefelsäure vom spez. Gew. 1,18) zwischen zwei Bleiplatten, so wird an der Kathode Wasserstoff entwickelt, und an der Anode werden die SO_4-Ionen entladen. Nach kurzer Zeit ist die Oberfläche der Anode mit einem Hauch von unlöslichem Bleisulfat bedeckt, und die Stromdichte steigt jetzt an den noch freiliegenden Stellen so stark, daß sich Bleisuperoxyd auf dem Blei abscheidet, und bald ist das ganze Bleisulfat auf der Oberfläche des Bleies in Bleisuperoxyd umgewandelt. Unterbricht man jetzt den Strom, so hat man ein galvanisches Element mit Bleisuperoxyd als Depolarisator, Schwefelsäure (mit Bleisulfat gesättigt) als Elektrolyt und metallischem Blei als Lösungselektrode. Schließt man diesen Akkumulator durch einen Widerstand und entnimmt ihm Strom, z. B. 0,3 Amp., so versagt er bald Dabei werden am metallischen Blei SO_4-Ionen, am Bleisuperoxyd Wasserstoffionen entladen. wodurch schließlich an beiden Bleielektroden Bleisulfat entsteht.

Entladung. Chemisch gedacht stellt sich der Vorgang an der Bleisuperoxydelektrode folgendermaßen dar: In verdünnter Schwefelsäure stellt sich zwischen PbO_2 und Schwefelsäure ein Gleichgewicht ein, dabei bilden sich Spuren von Plumbisulfat an der Bleisuperoxydelektrode, die man als Depolarisator auffassen kann. Die entladenen Wasserstoffionen bilden mit Plumbisulfat Bleisulfat und Schwefelsäure nach der Gleichung:

$$Pb(SO_4)_2 + 2\,H = PbSO_4 + H_2SO_4.$$

An der Bleielektrode reagiert das entladene SO_4-Ion mit dem Blei nach der Gleichung:

$$Pb + SO_4 = PbSO_4.$$

Beim Entladungsvorgang wird also an beiden Elektroden Bleisulfat gebildet.

Ladung. Bei der Ladung spielt sich am positiven Pol des Akkumulators folgende Reaktion ab:

$$PbSO_4 + SO_4 = Pb(SO_4)_2.$$

Dieses Plumbisulfat ist aber nur in geringer Konzentration in verdünnter Schwefelsäure beständig, es hydrolysiert sich sofort nach der Gleichung:

$$Pb(SO_4)_2 + 2\,H_2O = PbO_2 + 2\,H_2SO_4.$$

Das Bleisuperoxyd scheidet sich, da es unlöslich ist, an der positiven Elektrode ab.

An der negativen Elektrode vollzieht sich bei der Ladung folgende Reaktion:

$$PbSO_4 + 2\,H = Pb + H_2SO_4;$$

es entsteht also metallisches, feinverteiltes Blei.

Wie man aus den letzten beiden Gleichungen sieht, wird bei der Ladung H_2SO_4 gebildet, die Konzentration der verd. H_2SO_4 also erhöht. Man kann daher den Grad der Ladung mit einem Aräometer ermitteln. Nach völliger Ladung hat die Säure gewöhnlich das spez. Gew. 1,2, während ihre Dichte bei der Entladung infolge der Bleisulfatbildung bis 1,15 sinken kann.

Wir wissen, daß 26,8 Amp.-Std. ein Grammäquivalent Bleisuperoxyd an der Anode und ein Grammäquivalent Bleischwamm an der Kathode bei der Ladung liefern können, und wenn diese Produkte bei der Entladung wieder in Bleisulfat übergehen, so kann man dem Akkumulator 26,8 Amp.-Std. entnehmen. Dazu ist also erforderlich, daß sich an der Kathode z. B. 103,5 g metallisches Blei in so fein verteiltem Zustande und in Kontakt mit der Bleiplatte befinden, also in Form von Bleischwamm existieren, daß sie 1 Grammäquivalent SO_4-Ionen unter Bildung von 1 Grammäquivalent Bleisulfat aufnehmen können. Die entsprechende

Betrachtung gilt auch für den positiven Pol des Bleiakkumulators. Auch dort muß die entsprechende Menge porösen Bleisuperoxyds sich befinden.

Bei der Herstellung der Bleiakkumulatoren wird es sich also darum handeln, da das Material beider Elektroden in unlösliche Produkte, nämlich Bleisulfat, übergeht, auf beiden Elektroden Bleisuperoxyd bzw. Bleischwamm in poröser, aber doch festhaltender Form zu erzeugen. Dazu bedient man sich dreier verschiedener Verfahren.

1. Das älteste Verfahren ist die Formation nach Planté. Bei ihm geschieht die Auflockerung der Bleioberfläche dadurch, daß man zunächst den Strom in der einen Richtung durch die Zelle sendet, dann entlädt und hierauf in umgekehrter Richtung lädt. Auf diese Weise wird fortgefahren, und so werden bei monatelangem Laden und Umladen allmählich auf beiden Elektroden millimeterdichte Schichten von Bleisuperoxyd bzw. Bleischwamm erzeugt.

Das Verfahren wird heute nicht mehr ausgeübt, weil es zu langwierig ist. Das Wechseln der Stromrichtung ist dabei notwendig, weil sonst nur die positive Platte allmählich unter Bleisuperoxydbildung aufgelockert würde, während die negative Platte keine genügende Kapazität bekäme.

2. Sog. Schnellformationsverfahren suchen die Auflockerung der Bleioberfläche auf elektrochemischem Wege zu beschleunigen. Eines davon sei nachher beschrieben, es beruht darauf, daß Bleiplatten in heißer Natriumphosphatlösung rasch unter Bildung festhaftender Schichten von Bleioxyd angefressen werden. Diese können nachträglich in verdünnter Schwefelsäure von Zimmertemperatur zu Bleischwamm reduziert werden. Derartige Platten stellt man dann zu einenm Akkumulator zusammen und lädt ihn in der gewöhnlichen Weise auf.

3. Ein ganz anderes Prinzip ist das Pastierungsverfahren nach Faure. Dort bringt man auf Bleiplatten, die mit Rillen, Löchern oder Gittern versehen sind, Pasten auf, die aus Bleioxyd und etwas Schwefelsäure für die negative, aus Mennige und etwas Schwefelsäure für die positive Platte bestehen. Unter Bildung basischer Sulfate erhärten diese Pasten. Nach dem Einsetzen in verdünnte Schwefelsäure verwandelt sich bei Anwendung schwacher Ströme allmählich die Bleioxydpaste auf der negativen Platte in Bleischwamm, die Mennigepaste auf der positiven Platte in Bleisuperoxyd. Auf diese Weise gelingt es rasch, Akkumulatoren von großer Kapazität herzustellen.

Das Plantésche Verfahren wird seiner langen Dauer wegen heute nicht mehr ausgeführt. An seiner Stelle benutzt man für Großoberflächenplatten, die rasche Ladung und Entladung gestatten sollen, die sog. Schnellformation. Für mittlere Entladedauer dienen Gitterplatten, deren Gitter nach dem Prinzip von Faure mit Paste ausgeschmiert sind. Noch größere Kapazität pro Kilo Plattengewicht haben die sog. Masseplatten, die aber nur schwache Lade- und Entladeströme gestatten. Fig. 11 zeigt diese 3 Plattentypen.

Über die Theorie siehe: Dolezalek: Bleiakkumulator.

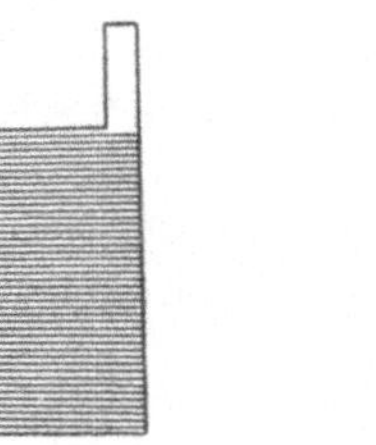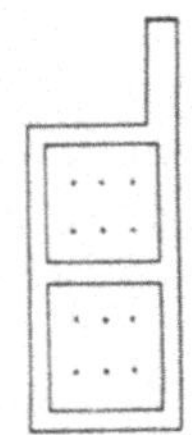

Fig. 11.

Großoberflächen- platte für schnelle Entladung.	Gitterplatte für mittlere Ent- ladungsdauer.	Masseplatte für langsame Ent- ladung.

Zubehör. 8-Volt-Leitung. — Gasleitung. — 1 Ampèremeter bis 1.2 Amp. — 1 Voltmeter bis 5 Volt. — 1 Stromwender. — 1 Widerstand zu 125 Ohm. — 1 Glastrog. — 4 hineinpassende Bleiplatten. — Ersatzplatten. — 1 Eisendrahtnetz (zum Formieren der Bleiplatten). — 1 Hammer. — Akkumulatorensäure (H_2SO_4 1,18). — Bleioxyd (PbO). — Mennige (Pb_3O_4). — 6 Drähte. — Natriumphosphat, 10 proz. Lösung. — 1 Wasserbad. — Trockenschrank mit Thermometer und Bunsenbrenner. — Millimeterpapier.

Ausführung. (Fig. 12 und 13.)   1. Zwei Pb-Platten werden in einen Glastrog mit Akkumulatorensäure eingehängt (H_2SO_4 spez. Gew. 1,18). Dann läßt man einen Strom von 0,3 Amp. hindurchgehen, solange bis sich die Klemmenspannung der Pb-Platten nicht mehr ändert, und entnimmt dann dem so geladenen Akkumulator einen Strom von 0,3 Amp., mißt die Klemmenspannung und stellt fest, wie lange sie anhält.

Hierauf schickt man wieder in derselben Richtung wie das erstemal einen Strom von 0,3 Amp. durch den Akkumulator und wiederholt Ladung und Entladung auf die gleiche Weise mehrmals. Man überzeuge sich, daß die Kapazität des Akkumulators so nur auf einen geringen Betrag gebracht werden kann.

2. Die Kapazität des Akkumulators kann erhöht werden, wenn man den Ladestrom abwechselnd in umgekehrter Richtung

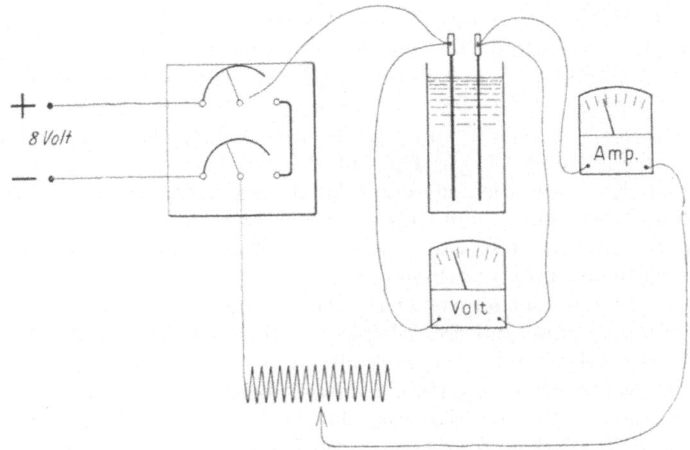

Fig. 12.

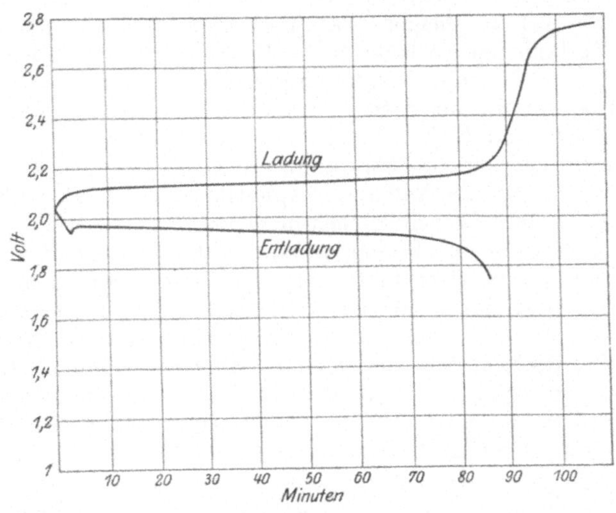

Fig. 13.

durch den Akkumulator schickt und so beide Platten auflockert. Man überzeuge sich davon.

3. Durch Pastieren der Platten kann man die Kapazität wesentlich steigern. Das geschieht in einfacher Weise, indem man durch Hämmern ein Eisendrahtnetz in die Bleiplatten hineintreibt und es dann wieder herausreißt. Die Platten taucht man dann in Akkumulatorensäure ein und bestreicht sie feucht, die eine mit PbO, die andere mit Pb_3O_4, bis eine festhaftende Paste darauf entsteht. Die Platten werden im Trockenschrank bei ca. 100⁰ getrocknet und dann in ein mit Akkumulatorensäure gefülltes Gefäß eingehängt. Die mit PbO bestrichene Platte macht man zur Kathode, die andere zur Anode und lädt den so pastierten Akkumulator sofort mit 0,3 Amp. Wenn die Kathode ganz grau, die Anode tiefbraun ist und beide Elektroden gasen, nimmt man Entlade- und Ladekurve auf.

4. In ein Becherglas bringt man eine 10 proz. Lösung von Natriumphosphat und drei Bleibleche, die man voneinander durch Glasstäbe isoliert. Die beiden äußeren verbindet man miteinander leitend, sie werden nachher als Anoden benutzt, das mittlere wird die Kathode. Dann erhitzt man das Becherglas auf einem Wasserbad auf 70—80⁰ und verbindet die Bleibleche direkt mit einem Bleiakkumulator, die mittlere Platte mit dem negativen Pol und die beiden äußeren mit dem positiven. Auf den Anoden bildet sich primär Bleiphosphat, das aber sekundär durch die an der Kathode entstehende Natronlauge in Bleioxyd übergeht, während sich Natriumphosphat regeneriert. Auf diese Weise entsteht schon in einer Stunde eine einige Zehntelmillimeter dicke Schicht von Bleioxyd auf den beiden äußeren Platten.

Man unterbricht den Strom, nimmt das Becherglas aus dem Wasserbad, gießt die Natriumphosphatlösung ab und spült die Platten samt dem Becherglas mehrmals sorgfältig mit Wasser aus. Hierauf füllt man das Becherglas mit Akkumulatorensäure und macht nun die mittlere Platte zur Anode, die beiden anderen zu Kathoden, indem man mit Hilfe der 8-Volt-Leitung einen Strom von etwa 1 Amp. bei Zimmertemperatur durchsendet. Die Bleioxydschicht auf den äußeren Platten wird dadurch zu Bleischwamm reduziert, und gleichzeitig werden die Reste der Phosphorsäure herausgewaschen. Nach einer halben Stunde ist die Reduktion beendet, und man trennt jetzt die beiden äußeren Platten, die nun mit Bleischwamm bedeckt sind, voneinander. Man setzt sie so in einen Glastrog, daß die mit Bleischwamm bedeckten Seiten sich gegenüberstehen, macht die eine zur Kathode, die andere zur Anode und elektrolysiert mit 0,3 Amp., bis die Anode tiefschwarzbraun ist und regelmäßige Gasentwicklung zeigt. Hierauf entlädt man in der schon beschriebenen Weise mit 0,3 Amp. und überzeugt sich, daß die Kapazität des Akkumulators nun weitaus größer ist, als man sie nach dem Planté schen Verfahren in der gleichen Zeit hätte erzeugen können.

14. a) Brennstoffelement: Kohle als Lösungselektrode, geschmolzenes Natriumhydroxyd als Elektrolyt, Eisenoxyduloxyd als Depolarisator. — b) Bestimmung der elektromotorischen Kraft von Thermoelementen und der Abhängigkeit der Spannung von der Temperatur-Differenz der Lötstellen.

Besprechung. Zu den bisher ungelösten Problemen gehört die direkte Umwandlung der Verbrennungswärme der Kohle ohne Anwendung von Dampfmaschinen oder Gasmotoren in elektrische Energie. An und für sich sind zwei verschiedene Wege hierzu möglich.

a) Die erste Möglichkeit, die in der Kohle aufgespeicherte Energie direkt unter Bildung elektrischer Ströme auszunutzen, beruht darauf, daß man entweder in einem geeignetem Element (Jaquessches Element) die Kohle als Lösungselektrode analog dem Zink im Leclanché-Element benutzt, oder daß man aus der Kohle leicht gewinnbare Gase. wie z. B. Wassergas, in geeigneten Elementen an eine unlösliche Elektrode leitet, während die andere Elektrode von Sauerstoff umspült wird.

Besprochen sei hier nur das Jaques - Element.

Um die Kohle als Lösungselektrode verwenden zu können, muß ein Elektrolyt von so hoher Temperatur verwendet werden (geschmolzenes Ätzalkali), daß sie aktiv wird. Für die andere Elektrode nimmt man am besten Fe_3O_4, das depolarisierend wirkt. Der Vorgang besteht dann darin, daß bei Stromentnahme die Kohle in Kohlensäure übergeht, welche von dem geschmolzenen NaOH gebunden wird, während andererseits das Fe_3O_4 reduziert wird. Durch Luftsauerstoff kann letzteres wieder regeneriert werden. Ein derartiges Element liefert bei ca. 500^0 eine elektromotorische Kraft von 0,8 Volt, also fast so viel wie ein Daniell-Element. Vermutlich wirkt dabei die Kohle lokal auf den Elektrolyten ein unter Bildung von Kohlensäure und Wasserstoff, und letzterer ist es dann, der bei der Stromentnahme verbrannt wird, so daß dieses Kohleelement auch als sogenannte Knallgaskette aufgefaßt werden kann.

b) Der zweite Weg wäre die Ausnutzung der Verbrennungswärme durch geeignete Thermo-Elemente, ähnlich wie solche gelegentlich im Laboratorium in Form der Gülcherschen Thermosäule benutzt werden. (Vgl. Aufgabe 18.) Verbindet man die Klemmen eines Millivoltmeters z. B. durch einen längeren Eisendraht, schneidet ihn an irgendeiner Stelle auf und setzt durch Lötung ein Stück Nickeldraht dazwischen, so kann man folgende Beobachtung machen: erwärmt man die eine Lötstelle und hält die andere durch kaltes Wasser auf Zimmertemperatur, so entsteht ein elektrischer Strom derart, daß die warme Lötstelle positiv erscheint gegen die kalte Lötstelle. Betrachten wir nur die warme Lötstelle, so würde das heißen, daß an der warmen Lötstelle das Eisen positiv ist gegen das Nickel. Die Thermokraft eines Metallpaares steigt im allgemeinen[1] mit der Temperatur, und die verschiedene Metallkombinationen geben verschieden hohe Thermokräfte; besonders hohe Thermokräfte gibt z. B. Eisen und Konstantan. (Vgl. Peters, Thermoelemente.)

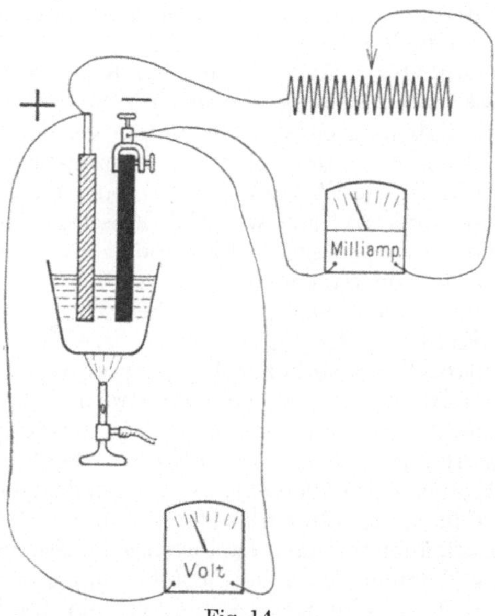

Fig. 14.

Zubehör. Gasleitung, 2 Anschlüsse. — 1 Eisentiegel mit Dreifuß und Dreieck. — 1 Bunsenbrenner. — 1 Magnetitelektrode mit Stativ und Klemme. — 1 Kohleelektrode mit Stativ und Klemme. — 1 Milliampèremeter bis 100 Milliamp. — 1 Millivoltmeter. — 1 Widerstand zu 125 Ohm. — 3 Thermoelemente. — 1 Aluminiumblock mit Thermometer 125 Ohm. — 3 Thermoelemente (Cu/Konstantan, Fe/Konstantan und

---

[1] Über die Umkehrung der Stromrichtung beim Überschreiten der sog. neutralen Temperatur siehe z. B. Müller-Pouillet: Lehrbuch der Physik.

Ag/Konstantan). — 1 Aluminiumblock mit Thermometer bis 350⁰ und Stativ dazu. — 1 Millivoltmeter für die Thermoelemente. — Millimeterpapier. — 1 Mikrobrenner. — 4 Drähte.

Ausführung. (Fig. 14.) 1. In einem Eisentiegel wird Ätznatron zum Schmelzen erhitzt. Man schaltet zunächst die Kohle als positiven und die Magnetitelektrode als negativen Pol an ein Millivoltmeter zur Messung der Klemmenspannung. Nach einiger Zeit bemerkt man, daß der Zeiger des Instruments zurück und dann durch den Nullpunkt geht; jetzt ist die Kohle aktiv und Lösungselektrode (negativ) geworden. Man vertauscht nunmehr die Pole und mißt die höchst erreichbare Spannung, die ca. 0,8 Volt beträgt. Um die Leistungsfähigkeit des Elementes festzustellen, entnimmt man ihm durch einen eingeschalteten Widerstand und ein Milliampèremeter bestimmte Strommengen (20, 40, 60 Milliampère) und nimmt die zugehörige Spannungskurve auf.

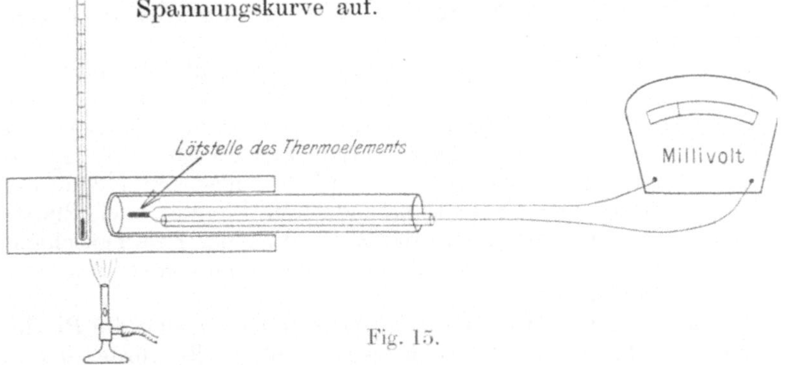

Fig. 15.

2. Ein Aluminiumblock, wie ihn beistehende Fig. 15 zeigt, der 2 Bohrungen besitzt, eine für ein Thermometer und die andere zur Einführung des durch ein Porzellanrohr geschützten Thermoelementes, wird mit einem Bunsenbrenner erhitzt. Das Thermoelement wird mit einem Millivoltmeter verbunden, und es wird für jedes Thermopaar die Änderung der elektromotorischen Kraft mit der Temperatur bestimmt. Die kalte Lötstelle soll auf Zimmertemperatur bleiben. Die erhaltenen Werte werden als Kurve auf Millimeterpapier aufgetragen.

Es sollen die Thermokräfte (und deren Änderung mit der Temperatur) folgender Thermopaare untersucht werden (vgl. Tabelle 10):

Kupfer—Konstantan, Eisen—Konstantan,
Silber—Konstantan.

F. Elektroanalysen.

Allgemeines über Elektroanalyse. Bei der quantitativen Elektroanalyse müssen bestimmte Forderungen an die Qualität des Niederschlages gestellt werden. Er soll festhaftend und möglichst glatt sein, damit beim Auswaschen nichts abgespült wird, und damit keine nennenswerte Gewichtsvermehrung durch Oxydation beim Trocknen eintritt; denn die beim Trocknen sich oxydierende Menge ist der Oberfläche des Niederschlages annähernd proportional, beim glatten Niederschlag daher gering, beim pulverigen sehr groß. Natürlich muß der Niederschlag „quantitativ" sein, d. h. es darf kein Metall mehr in Lösung sein, was man durch Herausnehmen einiger Tropfen des Elektrolyten nach Verlauf einiger Zeit zu prüfen hat. Man bringt auf einen weißen Porzellandeckel oder ein Uhrglas einen Tropfen des Elektrolyten und läßt mit ihm einen Tropfen des Reagenzes zusammenfließen.

Der kathodische Niederschlag soll ferner leicht durch Salpetersäure von der Platinelektrode entfernt werden können, ohne daß dabei das Platin in Mitleidenschaft gezogen wird. Da Zink das Platin angreift, indem es sich in kaltem Zustande mit ihm legiert, so daß dann beim Ablösen des Zinkniederschlages in verdünnter Schwefelsäure auf der Platinkathode ein Überzug von Platinschwamm zurückbleibt, wird das Zink auf einer Zwischenschicht von Kupfer niedergeschlagen, oder aber man verwendet statt Platin Silberkathoden.

Bei allen Elektroanalysen ist Voraussetzung, daß die Platinanode absolut nicht in Lösung geht, andernfalls würde das in Lösung gegangene Platin auf der Kathode wieder abgeschieden werden, und das Gewicht des Niederschlages zu hoch ausfallen.

Da Halogene Platin etwas angreifen, so dürfen die zur Elektroanalyse kommenden Lösungen keine Halogenwasserstoffsäuren oder deren Salze enthalten, sondern müssen daher eventuell vorher abgeraucht werden.

Zu niedrig fällt das Gewicht des Niederschlages aus, wenn das abgeschiedene Metall nach Stromunterbrechung längere Zeit der Einwirkung des Elektrolyten und des Luftsauerstoffes ausgesetzt bleibt, weil dann Teile des Niederschlages wieder in Lösung gehen.

Man hilft sich in folgender Weise. Ohne den Strom zu unterbrechen, hebert man mit einem Glasrohr den Elektrolyten teilweise ab, ersetzt ihn dann durch destilliertes Wasser und hebert nach dem Vermischen wieder ab, bis die abgeheberte Flüssigkeit, wenn der Elektrolyt vorher sauer war, neutral reagiert. Dabei geht die Stromstärke von selber allmählich auf Null zurück. Dann erst nimmt man die Apparatur auseinander.

Vgl. die Spezialwerke von Classen, Smith, A. Fischer, Neumann usw.

15. Elektroanalyse des Kupfers. Als Beispiel der einfachsten Art einer Elektroanalyse ohne Meßinstrumente und Widerstand unter Verwendung einer Platindrahtnetzelektrode.

Besprechung. Die einfachste Form einer Elektroanalyse ist die Bestimmung des Kupfers. In saurer Lösung (H_2SO_4) kommen dann nur die Kationen $\overset{++}{Cu}$ und $\overset{+}{H}$ zur Abscheidung, und zwar zuerst die $\overset{++}{Cu}$-Ionen, dann die $\overset{+}{H}$-Ionen. Durch Erwärmen des Elektrolyten wird die Diffusion und die Flüssigkeitsbewegung durch Strömung so gefördert, daß immer genügend Cu-Ionen an der Kathode sind und dort entladen werden können; ferner wird durch die Erwärmung der Widerstand des Elektrolyten verringert, und zwar um ca. 2 % pro 1^0 Temperaturerhöhung. Die Spannung des angeschalteten Akkumulators ($PbO_2/H_2SO_4/Pb$) ist rund 2 Volt. Die Stromstärke wird um so größer, je kleiner der Widerstand des Elektrolyten ist, und da nach dem Gesetz von Faraday die abgeschiedene Cu-Menge der Strommenge (Stromstärke mal Zeit) proportional ist, so ist die quantitative Ausfällung des Cu im warmen Elektrolyten schneller beendet als im kalten.

Die notwendige Zersetzungsspannung für normale $CuSO_4$-Lösung ist 1,49 Volt, rund 1,5 Volt; für normale Schwefelsäure 1,67 Volt, rund 1,7 Volt. Vgl. Tabelle 9. Die Stromstärke $i = \dfrac{e}{w}$ oder bei Berücksichtigung der Polarisation durch das Cu an der Kathode und den O_2 an der Anode $i = \dfrac{e-p}{w}$, wobei p die Gegenkraft bedeutet.

Diese Gegenkraft ist an Platin bei geringen Stromdichten annähernd gleich der Zersetzungsspannung, also im Falle der Cu-Abscheidung

$$i = \frac{e-p}{w} = \frac{2-1,5}{w} = \frac{0,5}{w}.$$

Man sieht, daß man die Stromstärke bei Verwendung unangreifbarer Elektroden nicht aus der Spannung der Stromquelle und dem Widerstand berechnen darf, sondern daß vorher die Polarisationsspannung abgezogen werden muß.

Im vorliegenden Falle kommt also die Differenz $2 — 1{,}5 = 0{,}5$ Volt für die Berechnung der Stromstärke bei der Kupfer-abscheidung und $2 — 1{,}7 = 0{,}3$ Volt für die Berechnung der Stromstärke bei der Wasserstoffabscheidung in Frage.

Man erkennt leicht, daß die Stromstärke zurückgehen muß, wenn alles Cu abgeschieden ist, mit anderen Worten, daß man bei direktem Anschluß eines Akkumulators von 2 Volt die Elektroanalyse sich selbst überlassen kann, da nach der Ausfällung des Cu der Stromverbrauch automatisch zurückgeht. Man hat lediglich von Zeit zu Zeit mit Ferrozyankalium zu prüfen, ob noch Cu in Lösung ist.

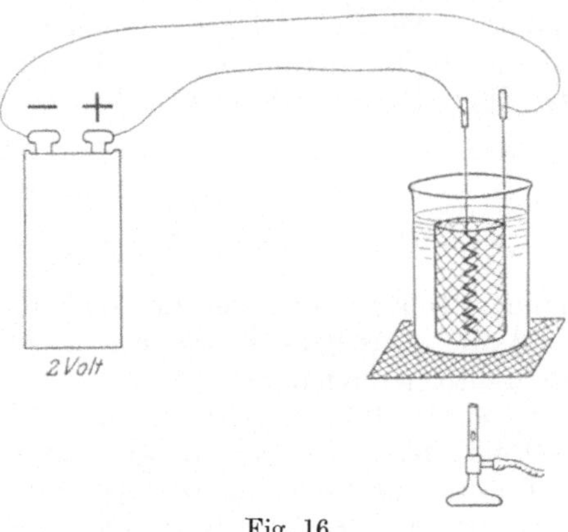

Fig. 16.

Zubehör. Gasleitung. — 1 Akkumulator. — 1 Elektrolysierstativ. — 1 Platindrahtnetz (wird ausgegeben). — 1 Platinspirale (wird ausgegeben). — 1 Becherglas (150 ccm). — 1 Exsikkator. — 1 Thermometer. — 1 geteiltes Uhrglas. — 1 ganzes Uhrglas. — 1 Glasstab. — 1 Spritzflasche mit H_2O. — $CuSO_4$-Lösung bestimmten Gehalts (wird ausgegeben). — Konzentrierte Schwefelsäure. — Ferrozyankaliumlösung. — 1 Glasheber. — 1 Trog zum Auffangen des Waschwassers. — Alkohol. — 1 kl. Meßzylinder (5 ccm). — 2 Drähte.

Ausführung. Die gegebene $CuSO_4$-Lösung wird quantitativ in das zur Elektrolyse dienende Becherglas übergespült und mit 3 ccm konz. H_2SO_4 versetzt. Nachdem die auf $^1/_{10}$ mg gewogene Platindrahtnetzkathode und die Platinspirale eingesetzt sind, wird die Flüssigkeit soweit verdünnt, daß sie das Drahtnetz vollständig bedeckt. Die Flüssigkeit wird auf ca. 60^0 erwärmt, und dann der Akkumulator angeschaltet. Nach etwa 2 Stunden ist die Elektrolyse beendet, wovon man sich dadurch überzeugt, daß man einen Tropfen der Flüssigkeit herausnimmt und auf einem Uhrglas mit einem Tropfen $K_4Fe(CN)_6$ zusammenbringt.

Nach Beendigung der Elektrolyse wird mit destilliertem Wasser unter Verwendung eines Hebers ohne Stromunterbrechung bis zur neutralen Reaktion ausgewaschen. Dann wird das Drahtnetz vorsichtig herausgenommen, erst in dest. Wasser, dann in Alkohol eingetaucht, durch Schwenken an der Luft getrocknet und bis zur Gewichtskonstanz gewogen.

16. Elektroanalyse von Nickel mit einer Platinschale als Kathode unter Benutzung der 8-Voltleitung, von Ampère-meter und Voltmeter und Regulierwiderständen.

Besprechung. Während die vorhergehende Aufgabe die Verwendung einer Drahtnetzkathode und einer Spiralelektrode zeigen sollte, veranschaulicht diese Aufgabe die Verwendung einer mattierten Platinschale als Kathode. Die Platinschale ist innen mattiert, damit der Niederschlag besser haftet. Als Anode dient eine mit wenigen Löchern versehene Platinscheibe oder eine flache Spirale.

Ferner soll in diesem Beispiel die Elektrolyse sich über Nacht selber überlassen werden, weshalb auch auf ihre Beschleunigung durch Erwärmen mit einem Bunsenbrenner verzichtet wird.

Man schaltet mit Hilfe der 8-Volt-Leitung, eines Ampère-meters und eines Regulierwiderstandes eine solche Stromstärke ein, daß die in 12 Stunden von Anode zu Kathode durchgehende Elektrizitätsmenge zur völligen Abscheidung des Ni sicher ausreicht.

Um 1 Grammäquivalent Ni, also $\dfrac{58,67}{2} = 29$ g Nickel

abzuscheiden, benötigt man wie für jedes Grammäquivalent rund 27 Amp.-Std. (96 540 Coulombs oder Amp.-Sek.). Man braucht also rund ebensoviel Amp.-Std. wie Gramme Nickel abzuscheiden sind. Sind z. B. ca. 0,24 g Nickel abzuscheiden, so braucht man 0,24 Amp.-Std. oder 12 Stunden lang einen Strom von 0,02 Amp. Nun scheidet der Strom, da Ni und H sich in der Spannungsreihe (vgl. Tabelle 6) sehr nahe stehen, außer Nickel gleichzeitig auch Wasserstoff an der Kathode ab, und da diese Wasserstoffabscheidung immer mehr überhand nimmt, je mehr die Ni-Ausfällung sich ihrem Ende nähert, so muß erheblich mehr als die berechnete Strommenge aufgewendet werden. Statt eines Stromes von 0,02 Amp. wird man also vorsichtshalber die zehn-fache Stärke, 0,2 Amp., über Nacht durch den Elektrolyten senden.

Zubehör. 8-Volt-Leitung. — 1 Platinschale (wird ausgegeben). — 1 Platinspirale (wird ausgegeben). — 1 Elektrolysierstativ. — 1 Ampère-meter bis 2 Amp. — 1 Regulierwiderstand 20 Ohm. — 1 geteiltes Uhrglas. — 1 ganzes Uhrglas. — 1 Glasstab. — 2 Drähte. — 1 Exsikkator. — Nickel-ammoniumsulfatlösung bestimmten Gehalts (wird ausgegeben). — Ammo-

niumsulfatlösung 15 proz. — Ammoniaklösung. — Ammoniumsulfidlösung. — 1 Glasheber. — 1 Trog zum Auffangen des Waschwassers. —
Alkohol.

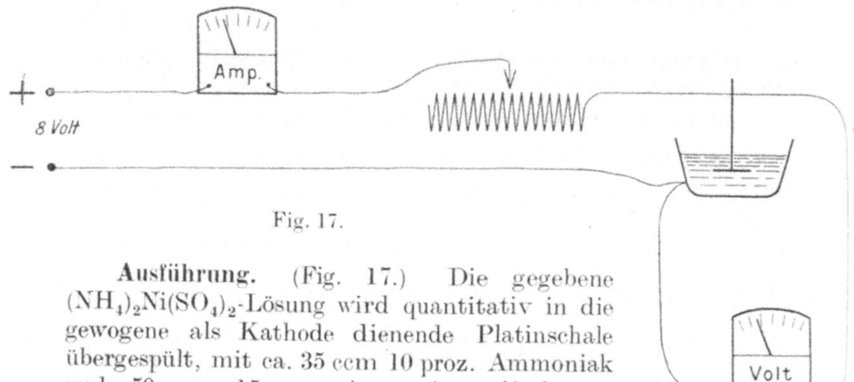

Fig. 17.

Ausführung. (Fig. 17.) Die gegebene
$(NH_4)_2Ni(SO_4)_2$-Lösung wird quantitativ in die
gewogene als Kathode dienende Platinschale
übergespült, mit ca. 35 ccm 10 proz. Ammoniak
und 50 ccm 15 proz. Ammoniumsulfatlösung
versetzt und nach dem Einsetzen der Platinanode bis 1 cm unter den Rand der Schale mit destilliertem
Wasser verdünnt. Zur Elektrolyse dient der Strom der 8-Volt-
Leitung, der mit Hilfe eines Schieberwiderstandes auf 0,3 Amp.
eingestellt wird. Am anderen Morgen ist die Elektrolyse beendet, wovon man sich mit $(NH_4)_2S$ überzeugt. Es wird
ohne Stromunterbrechung ausgewaschen. Die entleerte Schale
wird erst mit Wasser, schließlich mit Alkohol ausgespült, durch
Schwenken in der Luft getrocknet und bis zur Gewichtskonstanz
gewogen.

17. Elektrolytische Trennung von Silber und Kupfer durch Begrenzung des Potentials mit Hilfe eines Edison-, bzw. eines Bleiakkumulators.

Besprechung. Die Zersetzungsspannung einer $^1/_1$ n. Ag_2SO_4-
Lösung beträgt 0,8 Volt, einer $^1/_1$ n. $CuSO_4$-Lösung 1,49 Volt,
einer $^1/_1$ n. H_2SO_4-Lösung 1,67 Volt (vgl. Tabelle 7).

Man sieht, daß ein Bleiakkumulator mit seinen 2 Volt aus-
reichen würde, sowohl Silber als Kupfer und auch Wasserstoff
abzuscheiden (vgl. Aufgabe 1). Ein Edisonakkumulator
$(Ni(OH)_3/KOH/Fe)$, der nur 1,35 Volt Spannung hat, kann jedoch
nur das Silbersulfat zersetzen, selbst wenn man ihn ohne jeden
Widerstand direkt anschaltet. Dadurch bleibt das Kupfer gelöst,
und das Silber wird quantitativ ausgeschieden; wenn alles Ag
ausgeschieden ist, geht die Stromstärke fast auf Null zurück. Nach
der Ausfällung des Silbers kann dadurch, daß man statt des

Edisonakkumulators einen Bleiakkumulator anschaltet, die verfügbare Spannung auf 2 Volt erhöht und nun auch das Kupfer abgeschieden werden.

Zubehör. Gasleitung. — 1 Edison-Akkumulator. — 1 Bleiakkumulator. — 1 Milliampèremeter bis 100 Milliamp. — 1 Kurzschlußvorrichtung für das Milliampèremeter. — 1 Elektrolysierstativ. — 2 Platinschalen (werden ausgegeben). — 1 Platinspirale (wird ausgegeben). — 1 Mikrobrenner. — 1 Thermometer. — 1 geteiltes Uhrglas. — 1 ganzes Uhrglas. — 1 Exsikkator. — 1 Glasstab. — 6 Drähte. — Ag_2SO_4 + $CuSO_4$-Lösung bestimmten Gehalts (wird ausgegeben). — Ganz halogenfreies destilliertes Wasser. — Schwefelsäure, konz. — Kl. Meßzylinder (5 ccm). — Glasheber. — Auffangetrog für das Waschwasser. — Alkohol.

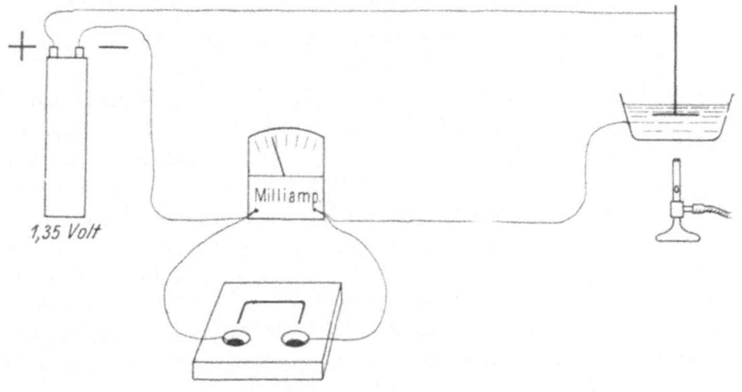

Fig. 18.

Ausführung. (Fig. 18.) Das gegebene Gemisch von Silbersulfat und Kupfersulfat wird quantitativ mit möglichst wenig Wasser in die gewogene als Kathode dienende Platinschale übergespült und mit 3 ccm konz. Schwefelsäure angesäuert. Dann wird die Anode eingesetzt, so daß sie eben ganz eintaucht. Durch einen kleinen Bunsenbrenner wird die Flüssigkeit bis beinahe zum Siedepunkt erwärmt und an einen Edisonakkumulator direkt angeschaltet. In dem Stromkreis befindet sich zwar ein Milliampèremeter, es wird aber durch einen in Quecksilbernäpfe eintauchenden Kupferbügel kurz geschlossen. Der Kurzschluß wird nur aufgehoben, wenn man sich über den Stromdurchgang vergewissern will (warum?).

Die Abscheidung des Silbers ist beendet, wenn das Amperemeter beim Einschalten nur noch ca. 10 Milliampère zeigt, was etwa nach einer Stunde der Fall ist. Nach dem Abkühlen der Lösung ohne Stromunterbrechung wird die Anode herausgenommen und die daran haftende Flüssigkeit mit möglichst wenig Wasser

in die Schale zurückgespült. Der Inhalt der Schale wird dann
evenutell quantitativ in eine zweite, zur Abscheidung des Kupfers
dienende gewogene Platinschale gebracht.

Während bei Verwendung eines Edison-Akkumulators nur
Silber, aber kein Kupfer ausgefallen war, führt man jetzt die
Ausfällung des Kupfers dadurch aus, daß man den Edison-
Akkumulator durch einen Bleiakkumulator ersetzt und nach
Vorschrift 15 verfährt.

18. Trennung von Kupfer und Zink aus Messing mit einer Gülcherschen Thermosäule als Stromquelle.

Besprechung.　　Die Zersetzungsspannung von $^1/_1$n. Cu $\overset{=}{SO_4}$
beträgt 1,49 Volt, die des $^1/_1$ n. $ZnSO_4$ 2,55 Volt.

Zur Trennung von Cu und Zn in Messing kann man sich
ebenfalls des begrenzten Potentials bedienen, indem man z. B.
von einer Gülcherschen Thermosäule, deren Spannung ca. 4 Volt
beträgt, nur die Hälfte der Thermoelemente benutzt, sich also auf
2 Volt beschränkt. Jedes einzelne Thermoelement der Gülcherschen Säule hat eine Spannung von ungefähr 0,05 Volt, 80 solche
Elemente geben also hintereinander geschaltet 4 Volt. Die Materialien sind Nickel (das Brennerrohr) — negativ — und eine
Antimonzinklegierung — positiv —. Vgl. Tabelle 10. Die Thermokraft steigt mit der Temperatur der heißen Lötstelle, die 4 Volt
werden also nach dem Anzünden der Heizflämmchen erst allmählich erreicht.

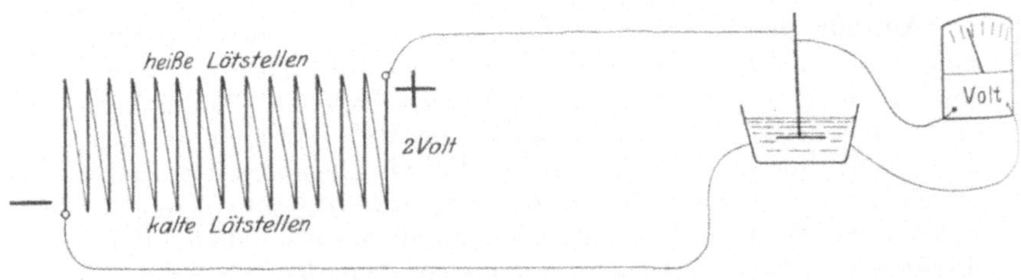

Fig. 19.

Wenn wie beim Messing die zu trennenden Metalle in der
Spannungsreihe oberhalb bzw. unterhalb des Wasserstoffes
stehen, (Cu, H, Zn,) so werden, wenn man in schwach saurer Lösung,
(z. B. H_2SO_4) arbeitet, erst die $\overset{++}{Cu}$-, dann die $\overset{+}{H}$- und zuletzt die
$\overset{++}{Zn}$-Ionen entladen. Mit anderen Worten: so lange sehr viel freie
Säure vorhanden ist, wird kein Zink abgeschieden.

Zubehör. Gasleitung. — 1 Gülchersche Thermosäule. — 1 Platinschale (wird ausgegeben). — 1 Platinspirale (wird ausgegeben). — 1 Elektrolysierstativ. — 1 Voltmeter bis 5 Volt. — 1 geteiltes Uhrglas. — 1 ganzes Uhrglas. — 1 Glasstab. — 1 Exsikkator. — 3 Drähte. — Messingstücke bekannter Zusammensetzung (werden ausgegeben). — HNO_3 vom spez. Gewicht 1,4. — Ammonsulfidlösung. — I Heber. — 1 Trog zum Auffangen des Waschwassers. — Alkohol.

Ausführung. (Fig. 19.) Das gegebene Messingstück wird in einer gewogenen, mit einem Uhrglas bedeckten als Kathode dienenden Platinschale durch Übergießen mit 4 ccm konz. HNO_3 in Lösung gebracht und die Lösung bis 1 cm unter den Rand mit dest. Wasser verdünnt. Nunmehr wird die halbe Thermosäule (2 Volt) eingeschaltet; der Strom steigt, bis die Thermosäule heiß ist, auf etwa 1 Amp. Nach ca. 6 Stunden ist die Fällung beendet, wovon man sich mit $(NH_4)_2S$ überzeugt. Das Trocknen und Wägen geschieht nach Vorschrift 15.

G. Schnell-Elektroanalyse.

Die Schnell - Elektroanalysen haben das Gemeinsame, daß bei ihnen der Elektrolyt auf irgend eine Weise energisch gerührt wird, um die sogenannten Verarmungserscheinungen an der Kathode zu verhindern.

Würden z. B. in einer Lösung von $AgNO_3$ die $\overset{+}{Ag}$-Iⲟnen den gesamten Stromtransport besorgen, die NO_3-Ionen aber stillstehen bleiben, so würden an der Kathode so viel $\overset{+}{Ag}$-Ionen zuwandern, als abgeschieden werden, und es träte dicht an der Kathode keine stärkere Verarmung an $\overset{+}{Ag}$-Ionen auf als im übrigen Elektrolyten. Bestände die Anode aus metallischem Silber, so würden von dort ebensoviel $\overset{+}{Ag}$-Ionen fortwandern als entstehen, es träte nirgends eine Konzentrationsänderung auf.

In Wirklichkeit liegt die Sache aber anders. Auch die Anionen beteiligen sich am Stromtransport und wandern bei den meisten Salzen fast ebenso schnell wie die Kationen. Würden nun die Anionen den Stromtransport besorgen, die Kationen aber stillstehen, so würde durch das Fortwandern der Anionen von der Kathode zur Anode negative Elektrizität von der Kathode zur Anode transportiert. Was praktisch das gleiche ist, wie wenn positive Elektrizität von der Anode zur Kathode gebracht wird. Aber es werden keine $\overset{+}{Ag}$-Ionen an die Kathode herangebracht, und von den Ag-Ionen, die an der Anode entstehen, wandern keine fort; deshalb entsteht an der Kathode eine Verarmung und an der Anode eine Anreicherung von Ag-Ionen. Wandern nun Anionen und Kationen etwa gleich schnell, so wird nur etwa die Hälfte der entladenen Ag-Ionen durch Zuwanderung ergänzt, die andere Hälfte stammt aus der Umgebung der Kathode und wird verfügbar, weil die zugehörigen Anionen fortwandern. (Näheres hierüber siehe Aufgabe Nr. 3.)

Das Rühren bei den Schnellelektroanalysen hat also den Zweck, den Elektrolyten an der Kathode stets zu ergänzen, um dort eine Verarmung zu verhindern und so das Arbeiten mit großen Stromstärken zu ermöglichen. Dadurch wird auch erreicht, daß sich die Metallniederschläge in einer für die Wägung brauchbaren Form abscheiden, während sonst bei zu hoher Stromdichte leicht sog. Schwammbildung eintritt, d. h. Abscheidung in poröser Form. Der Metallschwamm oxydiert sich dann leicht beim Trocknen, wodurch man ein zu hohes Gewicht erhält, falls nicht Stücke von ihm beim Auswaschen sich loslösen.

19. Schnellelektroanalyse von Wismut unter Benutzung einer Quecksilberkathode und einer rotierenden Anode.

Besprechung. Die Verwendung von Quecksilber als Kathodenmaterial hat den Vorteil, daß sich das abgeschiedene Metall darin auflöst, was besonders dann wertvoll ist, wenn sich das betreffende Metall nur schwer in geeigneter Form an einer festen Kathode abscheiden läßt. In dem vorliegenden Falle bildet sich Wismutamalgam.

Um die Quecksilberkathode mit dem abgeschiedenen, darin aufgelösten Metall zur Wägung bringen zu können, muß sie getrocknet werden; dies ist bei niederer Temperatur angängig, da die Dampfspannung des Quecksilbers, also die bei Zimmertemperatur unter Atmosphärendruck ständig verdampfende Menge Hg, so klein ist, daß sie innerhalb der Versuchsfehlergrenzen liegt. In analoger Weise lassen sich viele Metalle als Amalgame bestimmen. (Näheres darüber s. b. Smith, Quantitative Elektroanalyse.)

Zubehör. 220-Volt-Leitung. — 1 Motor zum Rühren. — 8-Volt-Leitung. — 1 Regulierwiderstand 1,8 Ohm. — 1 Ampèremeter bis 5 Amp. — 1 Rührstativ. — 1 Elektrolysierstativ. — 1 Platinspirale (klein, wird ausgegeben). — 1 Glasgefäß mit eingeschmolzenen Platinkontakten (wird ausgegeben). — 1 geteiltes Uhrglas. — 1 ganzes Uhrglas. — 1 Glasstab. — 1 Exsikkator. — 1 Kupferplatte. — 4 Drähte. — Reines Quecksilber. — Wismutnitratlösung bekannten Gehalts (wird ausgegeben). — Ammoniumsulfidlösung. — Glasheber. — Auffangetrog für das Waschwasser. — Alkohol. — Äther.

Ausführung. (Fig. 20.) In das sorgfältig getrocknete, mit reinem Hg beschickte (so viel, daß die Platinkontakte völlig bedeckt sind) und dann gewogene Gefäß wird die mit HNO_3 angesäuerte, gegebene $Bi(NO_3)_3$-Lösung quantitativ übergespült. Durch Aufstellen des Gefäßes mit den Platinkontakten auf die Cu-Platte wird das Hg im Innern des Gefäßes zur Kathode gemacht. Dann wird die Anode eingesetzt und die Rührvorrichtung in Gang gebracht. Die Stromstärke betrage 4 Amp. Nach etwa 12 Minuten ist das Bi ausgefällt, wovon man sich durch Herausnehmen eines Tropfens und Verdünnen mit Wasser überzeugt (Hydrolyse).

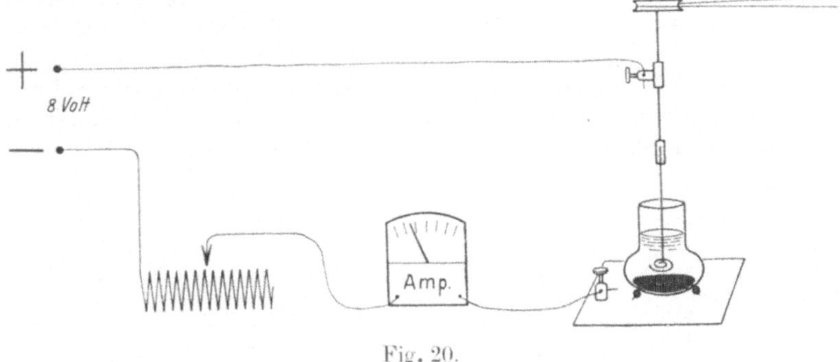

Fig. 20.

Ist alles Bi ausgefällt, so wird mit dest. Wasser ohne Stromunterbrechung ausgewaschen, bis das Ampèremeter Null zeigt. Das Wasser wird vorsichtig mittels Abheberns durch Alkohol und letzterer durch Äther verdrängt. Nach dem Trocknen im Exsikkator wird gewogen.

20. Schnellelektroanalytische Trennung von Blei und Kupfer mit einer mattierten Platinschale als Anode und einer rotierenden Platinscheibe als Kathode.

Besprechung. Die Trennungsmöglichkeit von Kupfer und Blei ist dem Umstande zu verdanken, daß sich das Blei unter Einhalten der richtigen Versuchsbedingungen nicht als Metall an der Kathode, sondern als PbO_2 an der Anode abscheidet. Die Entstehung des PbO_2 stellt man sich am besten so vor, daß primär an der Anode aus $Pb(NO_3)_2$ und entladenen NO_3-Ionen ein Salz $Pb(NO_3)_4$ entsteht, das dann sekundär durch Hydrolyse in PbO_2 und Salpetersäure zerfällt nach der Gleichung:

$$Pb(NO_3)_4 + 2\,H_2O = PbO_2 + 4\,HNO_3.$$

Da das PbO_2 metallisch leitet, so bleibt es auf der Anode als leitender Überzug sitzen und verstärkt sich immer mehr.

Ein Teil des Bleies wird aber, wenn die Lösung nicht genügend HNO_3 enthält, als Metall auf der Kathode mit dem Kupfer abgeschieden. Durch viel freie HNO_3 und besonders in der Wärme wird es hier jedoch immer wieder aufgelöst, und schließlich findet sich alles Pb als PbO_2 auf der Anode. Das PbO_2 schlägt man auf einer rauhen Platinschale (Anode) nieder, weil es da besser haftet, das Cu auf der rotierenden Platinscheibe (Kathode).

Ähnlich wie das Blei kann man auch das Mangan (als MnO_2) an der Anode abscheiden; an der Kathode läßt sich Mangan als reines Metall quantitativ aus wässriger Lösung überhaupt nicht abscheiden, weil es zu unedel ist und sofort Wasser zersetzt. (Nur als Amalgam).

Das PbO_2 entfernt man von der Platinschale nach Schluß des Versuches am besten mit einer mit HNO_3 angesäuerten Lösung von Natriumnitrit, d. h. mit HNO_2.

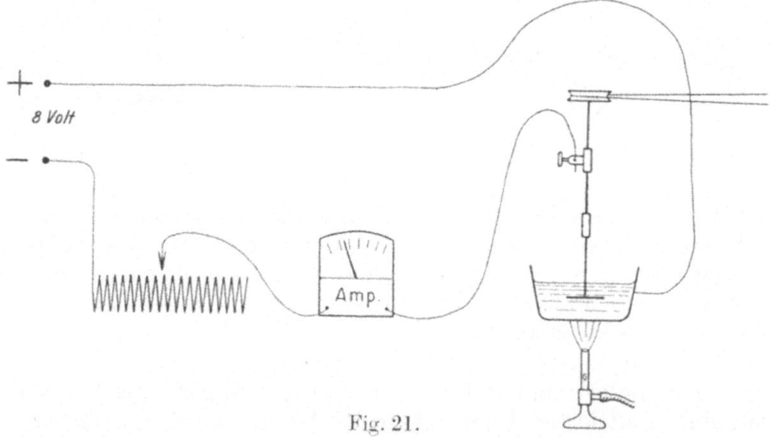

Fig. 21.

Zubehör. 220-Volt-Leitung. — Motor zum Rühren. — 8-Volt-Leitung. — Gasleitung (2 Anschlüsse). — 1 Rührstativ. — 1 Elektrolysierstativ. — 1 Platinschale (wird ausgegeben). — 1 Platinscheibe (wird ausgegeben). — 1 Mikrobrenner. — 1 Ampèremeter bis 5 Amp. — 1 Widerstand 1,8 Ohm. — 1 Trockenschrank mit Thermometer und Drei-Brenner. — 1 geteiltes Uhrglas. — 1 ganzes Uhrglas. — 1 Glasstab. — 1 Exsikkator. — $Pb(NO_3)_2$ + $Cu(NO_3)_2$-Lösung bekannten Gehalts (wird ausgegeben). — Schwefelwasserstoffwasser. — Glasheber. — Auffangetrog für das Waschwasser. — Alkohol. — 4 Drähte.

Ausführung. (Fig. 21.) Die gegebene Lösung, die Kupfernitrat und Bleinitrat enthält, wird quantitativ in die als Anode

dienende gewogene mattierte Platinschale übergespült. Dazu
werden 15 ccm konz. Salpetersäure gegeben. Die als Kathode
dienende Platinscheibe wird eingesetzt, und dann wird das Rühr-
werk eingeschaltet. Über die Platinschale werden die zwei Hälften
eines in der Mitte durchbohrten und dann auseinandergeschnittenen
Uhrglases als Schutz gegen das Verspritzen des Elektrolyten
übergeschoben, derart, daß sie nicht mit dem rotierenden Teil
der Kathode in Berührung kommen. Die Abscheidung des
Pb als PbO_2 wird nach anfänglichem Anwärmen mit einer Stromstärke von 3 Amp. durchgeführt, sie ist nach etwa $\frac{1}{2}$ Stunde
beendet. Zur Kontrolle prüft man einen Tropfen mit Natrium-
azetat und Kaliumdichromat.

Man wäscht ohne Stromunterbrechung aus und trocknet
die Platinschale mit dem PbO_2 im Trockenschrank bei 180^0 bis
zur Gewichtskonstanz, was etwa $\frac{3}{4}$ Stunden erfordert.

Auf der rotierenden Kathode hat sich infolge der großen
Menge freier Salpetersäure das Kupfer nicht quantitativ
abgeschieden. Will man es bestimmen, so bringt man den
abgesaugten Elektrolyten samt dem Waschwasser durch Eindampfen auf ein kleineres Volumen, neutralisiert den größten
Teil der Salpetersäure mit Ammoniak, gibt die Lösung in eine
Platinschale und setzt die mit Kupfer überzogene bisherige
Kathode nunmehr als Anode ein. Das Kupfer läßt sich dann leicht
nach Vorschrift 15 auf der vorher gewogenen Platinschale niederschlagen, während es sich von der Scheibenelektrode ablöst.

21. Schnellelektroanalyse von Kupfer und Nickel unter Rühren mit Hilfe eines Magnetfeldes.

Besprechung. Während bei den bisherigen Methoden die
Bewegung des Elektrolyten durch Rotation der einen Elektrode
mit mechanischem Antrieb (Motor) bewerkstelligt wird, ist bei dem
Apparat von Frary von der Tatsache Gebrauch gemacht, daß
jeder stromdurchflossene Leiter, falls er beweglich ist, sich im
Magnetfelde dreht. Die Drehung ist zwar nicht sehr intensiv, aber
für viele Zwecke zum Rühren ausreichend. Der stromdurchflossene bewegliche Leiter ist hier der Elektrolyt auf der Strecke
zwischen der Anode und der Kathode, während er von dem
Elektrolysenstrom durchflossen ist. Das Magnetfeld wird durch
einen besonderen Strom erzeugt. (Näheres hierüber s. Frary,
Zeitschr. f. Elektrochemie, Bd. 13, S. 318.)

Die Trennung von Kupfer und Nickel beruht darauf, daß
aus stark saurer Lösung nur das Kupfer ausfällt, da es vom Ni
in der Spannungsreihe durch H getrennt ist. Das Ni fällt daher

erst aus, wenn man nach dem Ausfällen das Kupfer neutralisiert
und ammoniakalisch macht.

Zubehör. 8-Volt-Leitung. — 1 Apparat nach Frary. — 1 Ampèremeter bis 5 Amp. — 1 Ampèremeter bis 3 Amp. — 1 Widerstand bis 1,8 Ohm.
— 1 Widerstand bis 20 Ohm. — 1 Platindrahtnetz (wird ausgegeben). —
1 Platinspirale (wird ausgegeben). — 1 Exsikkator. — 1 Becherglas (in den
Frary-Apparat passend.) — 1 geteiltes Uhrglas. — 1 ganzes Uhrglas. —
1 Glasstab. — 8 Drähte. — CuSO$_4$ + NiSO$_4$-Lösung bestimmten Gehalts
(wird ausgegeben). — 1 Heber. — 1 Trog zum Auffangen des Waschwassers.
— Alkohol.

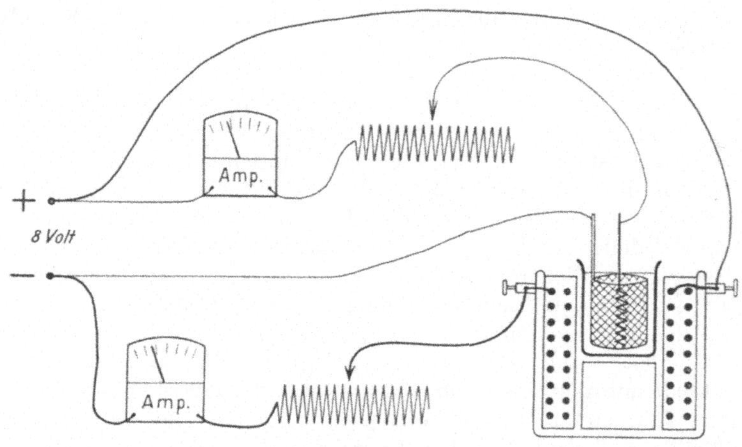

Fig. 22.

Ausführung. (Fig. 22.) Die gegebene, CuSO$_4$ und NiSO$_4$
enthaltende Lösung wird quantitativ in das Elektrolysiergefäß
(Becherglas) übergespült und mit 3 ccm konz. H$_2$SO$_4$ versetzt.
Die Platinspiralanode und die gewogene Platindrahtnetzkathode
werden eingesetzt. Die Magnetspule wird mit 5 Amp. gespeist,
die Elektrolyse mit 1 Amp. betrieben. Nach ca. $\frac{3}{4}$ Stunden ist das
Cu gefällt. Das damit bedeckte Platindrahtnetz wird nach Auswaschen ohne Stromunterbrechung getrocknet und gewogen.

Will man das Nickel bestimmen, so wird die Cu-freie Nickellösung und das Waschwasser in eine Porzellanschale abgehebert
und darin eingedampft. Wenn das Volumen klein genug ist,
wird mit Ammoniak neutralisiert und ammoniakalisch gemacht
und dann nach Vorschrift 16 verfahren.

22. Schnellelektroanalyse von Zink, wobei die durch Druckverminderung vergrößerten anodischen Gasblasen das Rühren besorgen.

Besprechung. Die Schnellelektroanalyse unter vermindertem Druck beruht ebenfalls nur auf intensiver Rührung des Elektrolyten. Scheidet man z. B. an der Kathode Zn ab, so erscheint gleichzeitig an der Anode Sauerstoff. Dieser Sauerstoff rührt den Elektrolyten etwas durch, aber naturgemäß nur wenig, weil sein Volumen klein ist. Läßt man die Elektrolyse aber unter vermindertem Druck vor sich gehen, so dehnt sich der Sauerstoff ent-

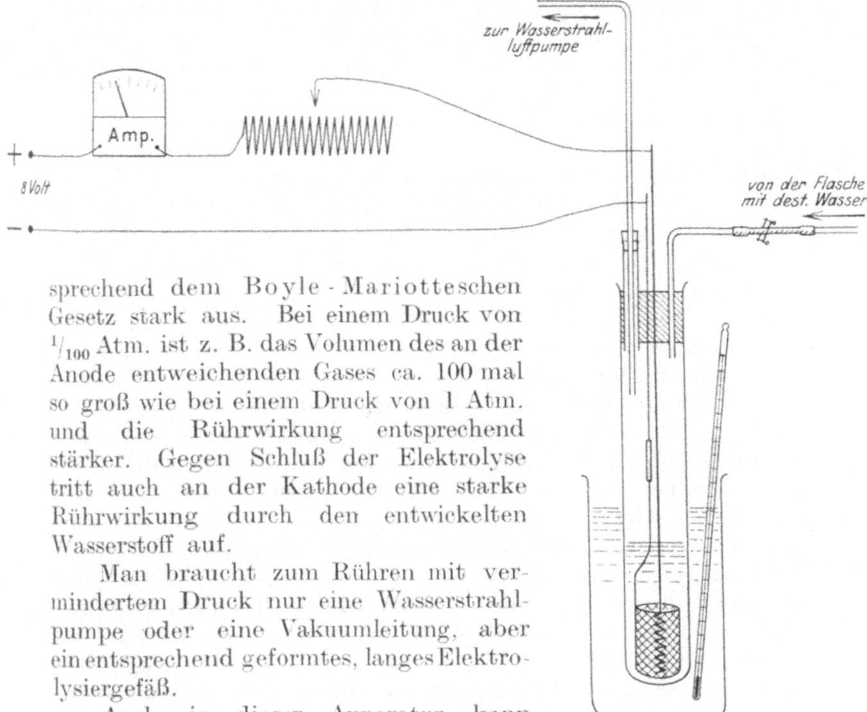

Fig. 23.

sprechend dem Boyle - Mariotteschen Gesetz stark aus. Bei einem Druck von $^1/_{100}$ Atm. ist z. B. das Volumen des an der Anode entweichenden Gases ca. 100 mal so groß wie bei einem Druck von 1 Atm. und die Rührwirkung entsprechend stärker. Gegen Schluß der Elektrolyse tritt auch an der Kathode eine starke Rührwirkung durch den entwickelten Wasserstoff auf.

Man braucht zum Rühren mit vermindertem Druck nur eine Wasserstrahlpumpe oder eine Vakuumleitung, aber ein entsprechend geformtes, langes Elektrolysiergefäß.

Auch in dieser Apparatur kann ohne Stromunterbrechung ausgewaschen werden. Wie schon in den allgemeinen Bemerkungen über Elektroanalyse hervorgehoben, muß hier bei der Zinkbestimmung die Platindrahtnetzkathode erst verkupfert werden, weil sich das Zink schon in kaltem Zustande mit dem Platin legiert.

Zubehör. 8-Volt-Leitung. — Gasleitung. — Vakuumleitung (eventuell Wasserstrahlpumpe.) — 1 Vakuum-Elektrolysierapparat. — 1 Platindrahtnetz (wird ausgegeben). — 1 Platinspirale (wird ausgegeben). — 1 Spiralanode aus starkem Kupferdraht zum Verkupfern des Pt-Drahtnetzes. — 1 starkwandiges zylindrisches Glasgefäß. — 1 Becherglas (400 ccm) mit Dreifuß und Drahtnetz. — 1 Thermometer. — 1 hoher Exsikkator. — 1 Ampèremeter bis 5 Amp. — 1 Widerstand zu 1,8 Ohm. — 1 Elektrolysierstativ. — 1 ganzes Uhrglas. — 1 Glasstab. — 4 Drähte. — 4 Vakuumschläuche. — ZnSO$_4$-Lösung bekannten Gehalts (wird ausgegeben). — Oettelsche CuSO$_4$-Lösung zum Verkupfern des Pt-Drahtnetzes. — Ferrozyankaliumlösung. — Essigsäure. — 15 proz. Natronlauge — Alkohol.

Ausführung. (Fig. 23.) Als Elektrolysiergefäß dient ein 30 cm langes, 4,5 cm weites Glasgefäß. Der Gummistopfen, mit dem es oben verschlossen ist, hat vier Durchbohrungen. Wie aus der Figur ersichtlich, sind zwei Durchbohrungen für die Elektroden bestimmt, die dritte Durchbohrung trägt ein kurzes weites Glasrohr, dieses wieder einen kleineren Gummistopfen mit einem langen Glasrohr, das während der Elektrolyse hochgezogen ist und mit der Wasserstrahlpumpe in Verbindung steht. Es kann aber auch bis zum Boden herabgeschoben werden, dann kann damit beim Auswaschen ohne Stromunterbrechung der Elektrolyt abgesaugt werden. In der vierten Durchbohrung sitzt ein kurzes rechtwinkliges Glasrohr, das mit einer Vorratsflasche mit dest. Wasser in Verbindung steht. Ein eingefügtes Schlauchstück ist aber während der Elektrolyse durch einen Quetschhahn verschlossen und wird nur zum Auswaschen ohne Stromunterbrechung geöffnet.

Als Anode dient eine Spirale aus Platindraht, die, wie aus der Figur ersichtlich, in ein Glasrohr eingeschmolzen ist. Das Glasrohr geht durch den Gummistopfen und ist zur Herstellung des Kontaktes mit Quecksilber gefüllt. Durch die zweite Durchbohrung des Gummistopfens geht ebenfalls ein Glasrohr, es ragt etwa 8 cm unten aus dem Gummistopfen heraus. Unten ist ein kräftiger Platindraht eingeschmolzen, der noch 5 cm aus dem Glasrohr heraussteht. Über die ganze Länge dieses Platindrahtes (damit sich hierauf kein Metall niederschlagen kann), und zwar bis über die Einschmelzstelle hinweg, ist ein Stückchen Kapillarschlauch geschoben, der ziemlich eng anliegt. Schiebt man nun von unten den Stiel der Drahtnetzkathode in den Kapillarschlauch hinein, so bekommt er federnden Kontakt mit dem darin befindlichen Platindraht. Dieser Kontakt ist äußerst leicht herzustellen und zu lösen und hat den Vorteil, daß man die üblichen Drahtnetzelektroden ohne jede Abänderung benutzen kann.

Die gegebene $ZnSO_4$-Lösung wird quantitativ in das lange Glasgefäß übergespült und mit 20 ccm 15 proz. Natronlauge versetzt. Nach dem Einsetzen des erst in Oettelscher Lösung in einem Glasgefäß unter Anwendung einer Cu-Spirale als Anode mit 1 Amp. in 5 Minuten verkupferten und dann gewogenen Platindrahtnetzes und Verschließen des Gefäßes wird in einem Wasserbade (Becherglas) auf 80° erhitzt und dann derartig evakuiert, daß die aufschäumende Flüssigkeit nicht bis zu dem mit der Wasserstrahlpumpe in Verbindung stehenden Rohr aufsteigt. Dies geschieht am bequemsten, indem man in diese Leitung ein T-Stück einschaltet, dessen seitlichen Arm man mit dem Finger abwechselnd verschließt und öffnet. Man sende eine Stromstärke von ca. 4 Amp. durch die Lösung; in 12 Minuten ist die Ausfällung des Zinks beendet. Nach Aufheben des Vakuums, aber ohne den Strom zu unterbrechen, kann man mit einem Glasstab durch die Einführungsstelle des langen Glasrohres eine Probe des Elektrolyten herausnehmen und nach Ansäuern mit Essigsäure mit Kaliumferrozyanid auf Zink prüfen. Ist kein Zink mehr in der Lösung, so wird das lange Glasrohr wieder eingesetzt, und zwar bis zum Boden herabgeführt. Jetzt saugt man den Elektrolyten soweit ab, daß das Drahtnetz eben noch eintaucht, und ersetzt ihn dann vom Vorratsgefäß aus mit destilliertem Wasser. Wenn das Auswaschen ohne Stromunterbrechung beendet ist, wird das Gefäß geöffnet, das Drahtnetz mit dem Zink schnell in dest. Wasser und dann in Alkohol getaucht, im Exsikkator getrocknet und dann gewogen.

Näheres über diese Methode: Franz Fischer und Emil Stecher, Zeitschrift für Elektrochemie 17 906 (1911).

H. Elektrometallurgie.

23. Kupferraffination mit parallel geschalteten und mit doppelpoligen Elektroden. Bestimmung der Stromdichte. Berechnung des Kraftverbrauchs pro Kilo raffinierten Kupfers.

Besprechung. Die elektrolytische Kupferraffination ist aus zwei Gründen lohnend: 1. gewinnt man dabei ein reines Kupfer von hohem elektrischen Leitvermögen (vgl. Tabelle 11), das sog. Elektrolytkupfer (Cu mit 1 % As hat einen 4 mal so großen Widerstand als Elektrolytkupfer), und 2. gewinnt man im Anodenschlamm, d. h. in dem bei der Auflösung der Anode zurückbleibenden Schlamm, wertvolle Verunreinigungen des Kupfers, insbesondere Silber. Trotzdem ist es notwendig, um die Kupferraffination rentabel zu gestalten, dafür zu sorgen, daß möglichst geringe Spannung gebraucht wird, denn die elektrische Energie, die bezahlt werden muß, ist ja bekanntlich das Produkt aus der aufgewendeten Spannung und der Elektrizitätsmenge $=$ e $\cdot$ i $\cdot$ Zeit. Braucht man nur die halbe Spannung, so hat man nur die halben Energiekosten, da die Menge des raffinierten Kupfers lediglich von der Elektrizitätsmenge, nicht aber von der Höhe der angewendeten Spannung abhängig ist. Man verwendet, um an Spannung zu sparen, möglichst gut leitende, d. h. mit Schwefelsäure angesäuerte Kupfersulfatlösungen, möglichst geringen Elektrodenabstand, möglichst kein Diaphragma und einen etwas erwärmten Elektrolyten. Ferner hat man darauf zu achten, daß man an dem teuren Leitungsmaterial spart, da es, um wenig Widerstand zu haben, große Querschnitte haben muß, also viel Kupfer erfordert.

An und für sich ist die zur Auflösung des Kupfers an der einen und zu seiner Niederschlagung an der anderen Elektrode erforderliche Spannung nur vom Widerstand des Elektrolyten und der angewendeten Stromstärke, also von i $\cdot$ w abhängig. Wenn auch der Widerstand sehr klein gemacht wird, so werden doch nennenswerte Beträge von i $\cdot$ w erreicht, weil man in der Technik natürlich nicht mit unendlich kleinen Stromstärken arbeiten kann, sondern eine bestimmte tägliche Produktion haben muß. Außer dem durch i $\cdot$ w gekennzeichneten Spannungsverbrauch wird noch Spannung zur Überwindung der Gegenspannung erfordert, welche sich infolge der Konzentrationsänderung an den Elektroden. (Konzentrationszunahme an der Anode, Konzentrationsabnahme an der Kathode) einstellt. Diese Konzentrationsunterschiede könnte man zwar durch Rühren des Elektrolyten verhindern, man tut es jedoch nicht, weil man damit gleichzeitig den Anodenschlamm aufwirbeln würde. Man begnügt sich mit einer langsamen Zirkulation.

a) Parallelschaltung. Das eine System, welches nun bei der Kupferraffination angewendet wird, ist dasjenige, bei dem innerhalb jeder Zelle abwechselnd eine Kathode auf eine Anode folgt, und bei dem die Kathoden an einer gemeinschaftlichen Stromzuleitung (einer starken Kupferschiene) auf der einen Seite, die Anoden an einer gemeinschaftlichen Stromzuleitung auf der anderen Seite der Zelle unter sich parallel geschaltet angeschlossen sind.

b) Serienschaltung. Diese starken Kupferschienen zu beiden Seiten der Bäder lassen sich vermeiden, wenn man das System der doppelpoligen Elektroden verwendet. Bei diesem werden in das Bad lauter Anoden eingehängt, z. B. mit je 5 cm Abstand voneinander. Sie sind in keiner Weise untereinander verbunden, außer durch den Elektrolyten; Bedingung ist nur, daß sie den Bad- querschnitt möglichst genau ausfüllen. Die Stromzuführung ge- schieht an der ersten Platte und die Ableitung an der letzten. Da nun die durch die Konzentrationsunterschiede auftretenden Gegenkräfte sehr gering sind (fast polarisationslose Elektroden), so löst sich z. B. die eine Endplatte, bei der man den positiven Strom zuleitet, normal als Anode auf. Die nächste Kupferplatte dient nun auf der der ersten Anode zugewandten Seite als Kathode, dort scheidet sich reines Kupfer ab. Der Strom durchsetzt dann diese Elektrode und löst sie auf der anderen Seite, der Austritts- stelle, auf. In dieser Weise scheidet sich an jeder eingehängten Elektrode auf der einen Seite reines Kupfer ab, auf der anderen Seite löst sich das Rohkupfer auf. Die letzte Platte dient schließlich lediglich als Kathode. Damit man das reine Kupfer von den doppelpoligen Elektroden gut abheben kann, werden sie vorher auf der späteren Kathodenseite mit einem dünnen Fetthauch überzogen, der das innige Verwachsen des reinen Kupfers mit dem Rohkupfer verhindert.

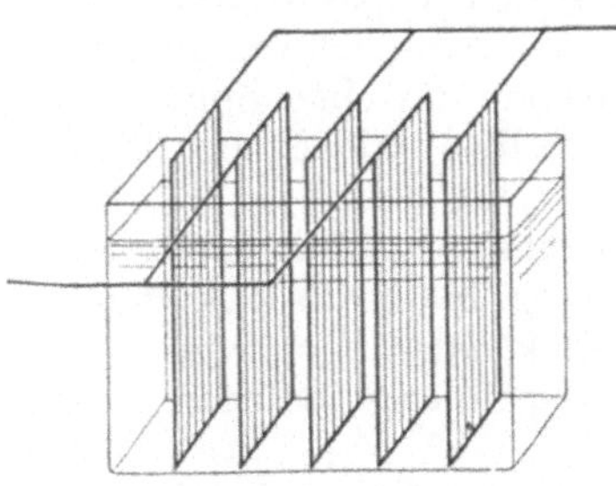 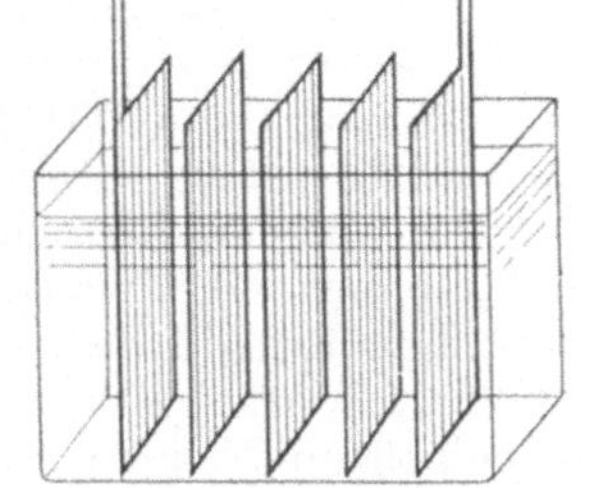

Parallelschaltung.   Fig. 24.   Serienschaltung.

Zubehör. 8-Volt-Leitung. — 1 Ampèremeter bis 5 Amp. — 1 Volt- meter bis 5 Volt. — 1 Widerstand zu 20 Ohm. — 1 Glastrog mit 3 bzw. 2 leitenden, mit einander verbundenen Kupferplatten. — 1 Glastrog mit mehreren einzelnen Kupferplatten. — $CuSO_4$-Lösung: 150 g $CuSO_4$, 50 g konz. H_2SO_4 auf 1 L verdünnt und mit As_2O_3 [gesättigt. — Wasser- strahlgebläse. — 7 Drähte.

Ausführung. (Fig. 24.) In dem folgenden Beispiel soll die Gewinnung arsenfreien Kupfers aus einer arsenhaltigen Raffi- nationslösung studiert werden. Als Elektrodenanordnung wähle man zunächst die Parallelschaltung. Der Elektrolyt wird folgendermaßen zusammengesetzt. 150 g Kupfervitriol und 50 g konz. Schwefelsäure werden in Wasser gelöst und auf 1 L verdünnt. Um dieser Lösung gleich von vornherein den bei der Auflösung bei Rohkupferanoden entstehenden Arsengehalt zu geben, wird die Lösung vorher mit arseniger Säure gesättigt. Man füllt mit der Lösung das Raffinationsgefäß und elektrolysiert nun mit einer Stromdichte von 3 Amp. pro qdm. Von Zeit zu Zeit hebe man die Kathode heraus und stelle die Farbe des Kupfernieder- schlages fest. Sobald Arsen mit ausfällt, wird das Kupfer blasser, bei stärkerem Arsengehalt grau. Man verfolge während dieser Elektrolyse außerdem die Klemmenspannung.

Sobald das Kupfer grau wird, stellt man fest, welchen Einfluß das Einblasen von Luft in den Elektrolysiertrog auf die Farbe des Kupferniederschlages und auf die Klemmenspannung ausübt.

Man wiederhole die beiden Versuche genau wie oben be- schrieben, nur daß man jetzt mit einer geringeren Stromdichte, mit 2,5 Amp. auf den Quadratdezimeter, arbeitet, und beobachtet wiederum, wie lange man diesmal elektrolysieren kann, bis das Kupfer arsenhaltig wird.

Man bestimme drittens die Zeit bei 2 Amp. pro qdm und ferner bei einer höheren Stromdichte, bei 4 Amp.

Eventuell sorgt man dafür, daß man den Kupferniederschlag leicht von der Kathode ablösen kann, was keine Schwierigkeiten macht, wenn man vorher die glatte Kathode mit einer Spur Fett einreibt und dann das Fett durch Abreiben mit einem Tuch größtenteils wieder beseitigt.

Die gleichen Versuche wie oben beschrieben, mit und ohne Lufteinblasen führe man aus mit einem Trog, in den die Elektroden nach dem Prinzip der doppelpoligen Elektroden eingesetzt wer- den; auch dort bestimme man die Badspannung zwischen zwei doppelpoligen Elektroden.

In allen Fällen ermittle man unter Berücksichtigung der fast stets 100 % betragenden Stromausbeute den Verbrauch an elektrischer Energie zur Herstellung von 1 kg Elektrolytkupfer, indem man die Spannung mit der zulässigen Stromstärke multi- pliziert, und ferner mit der Zeit, die bei dieser Stromstärke zur Abscheidung eines Kilos Kupfer gebraucht wird. Die Zeit ist leicht zu berechnen, da 26,8 Amp.-Std. ein Grammäquivalent Kupfer abscheiden.

24. Bleiraffination in kieselfluorwasserstoffsaurer Lösung und in Bleiazetatlösung mit silberhaltigem Werkblei als Anode. Wirkung von Colloïden auf die Kristallbildung.

Besprechung. Die Raffination des sog. Werkbleies hat deshalb Bedeutung, weil z. B. in der Akkumulatorenindustrie ein Bedürfnis nach reinem Blei existiert, und andererseits, weil der Silbergehalt des Bleies sich bei der elektrolytischen Raffination im Anodenschlamm wiederfindet und auf diese Weise das Verfahren rentabel gestalten kann. Für die Raffination des Bleies kommen nur leicht lösliche Bleisalze in Frage, Schwefelsäure und Salzsäure als Elektrolyte scheiden infolgedessen aus. Salpetersäure ist ungeeignet, weil sie bzw. die Nitrate an der Kathode teilweise reduziert werden unter Bildung von Nitrit und Ammoniak, wodurch der Elektrolyt seine Zusammensetzung ändert. In neutraler Lösung könnte man Nitrate verwenden, aber in neutraler Lösung ist die Neigung zur Abscheidung des Bleies in schwammiger Form sehr groß. Die Elektrolyse von Bleiazetat hat verschiedene Nachteile, die Lösungen leiten nicht gut, und der Niederschlag neigt sehr dazu, kristallinische Auswüchse zu bilden. Infolgedessen ist man bei der Raffination des Bleies auf Säuren angewiesen, die sonst seltener verwendet werden. In erster Linie ist hier die Kieselfluorwasserstoffsäure zu nennen, und ferner die Borfluorwasserstoffsäure, welche leicht lösliche Bleisalze bilden, weder oxydiert noch reduziert werden können und tadellose Niederschläge liefern. Auch das Bleisalz der Überchlorsäure, welches löslich und sehr beständig ist, kann verwendet werden. Ferner kommen noch die löslichen Bleisalze von organischen Sulfosäuren in Frage, so z. B. das Bleisalz der p - Phenolsulfosäure.

Jedoch eignet sich aus verschiedenen Gründen das kieselfluorwasserstoffsaure Blei am besten zur Raffination, und zwar verwendet man meist eine Lösung, die ungefähr 100 g metallisches Blei im Liter und etwa ebensoviel freie als gebundene Kieselfluorwasserstoffsäure enthält. Eine derartige Lösung läßt sich leicht herstellen, indem man eine Kieselfluorwasserstoffsäure entsprechender Konzentration in zwei gleiche Teile teilt und die eine Hälfte vorsichtig mit Bleikarbonat neutralisiert; dann bringt man die nicht neutralisierte Säuremenge dazu. Eine derartige Lösung liefert auch bei ziemlich hohen Stromdichten mit einer Stromausbeute von 100 % vollkommen glatte Niederschläge, nur an den Rändern zeigt sich die Neigung zur Kristallbildung.

Auch diese kann noch sehr weitgehend unterdrückt werden dadurch, daß man dem Elektrolyten Colloide zusetzt; z. B. löst man 1 g Gelatine oder 1 g Agar-Agar im Liter des Elektrolyten auf. Vergleichsversuche zeigen deutlich die Wirkung des Kolloids, die in einer Unterdrückung der Kristallbildung besteht.

Der Anodenschlamm enthält außer dem Silber auch noch einige andere Metalle und vor allem noch Blei. Das Silber kann in der Hauptmenge leicht gewonnen werden, indem man den getrockneten Anodenschlamm an der Luft erhitzt, wobei sich das Blei als Bleioxyd verflüchtigt, bzw. bei Verwendung einer porösen Unterlage in diese einschmilzt.

Zubehör. 8-Volt-Leitung. — 1 Glastrog. — 1 Ampèremeter bis 5 Amp. — 1 Widerstand zu 20 Ohm. — 1 Kupfercoulometer. — Eisenblechkathoden für das Elektrolytblei. — Werkbleianode (silberhaltig). — Bleisilikofluoridlösung mit 10 % metallischem Blei und 12 % freier Säure. — Die gleiche Lösung, aber mit 1 g Gelatine im Liter. — Bleiazetatlösung mit 100 g metall. Blei im Liter und ebensoviel freier wie gebundener Säure. — Salzsäure zum Abbeizen. — 7 Drähte.

Ausführung. Die Bleiraffination wird in der Technik nach dem Verfahren von Betts ausgeübt. Als Anoden dienen Platten aus Rohblei (silberhaltig), als Kathoden dienen dünne Bleche aus Elektrolytblei; wir wollen aber in dem folgenden Versuch dünne Eisenbleche als Kathoden benutzen. Als Elektrolyt dient eine Lösung von kieselfluorwasserstoffsaurem Blei, die 10 % metallisches Blei und 12—13 % freie Säure enthält.

In einen Glastrog werden zwei Rohbleianoden von etwa 1 qdm Seitenfläche eingehängt, ferner ein Eisenblech von der gleichen Größe zwischen die beiden Anoden. Das Eisenblech wird vorher mit verdünnter Salzsäure abgebeizt und dann auf $^1/_{10}$ g genau gewogen. Zur Kontrolle der Stromausbeute schaltet man zweckmäßigerweise ein Kupfercoulometer in den Stromkreis ein. Als Stromdichte benutzt man etwa 1 Amp. pro qdm. Man stelle zunächst in einem halbstündigen Versuch die Stromausbeute bei dieser Stromdichte fest, dann nehme man eine höhere Stromdichte: 1,5 Amp., und eine niedrigere: 0,5 Amp., und verfahre in gleicher Weise.

Dann mache man qualitative Versuche und stelle fest, indem man jeweils 5 Minuten elektrolysiert, wie hoch man mit der Stromdichte bei diesem Elektrolyten gehen darf, bis das Blei an den Rändern der Kathode kristallinisch auswächst, bzw. auf der Oberfläche schwammig wird.

Zusatz von Kolloiden. Wenn man die höchst zulässige Stromdichte festgestellt hat, dann benutzt man einen anderen Elektrolyten, der genau in derselben Weise zusammengesetzt ist, aber 1 g Gelatine im Liter enthält. Man mache genau dieselben Versuche wie oben für den gelatinefreien Elektrolyten beschrieben und überzeuge sich davon, daß durch Zusatz derartiger Kolloide wie Gelatine, Leim, Agar-Agar die Kristallbildung an den Rändern der Elektroden zurückgedrängt wird, und daß man glattere Niederschläge erhält, bzw. höhere Stromdichten anwenden darf.

In allen Fällen vergesse man nicht, wenn man die abgeschiedene Bleimenge festgestellt hat, auch die gleichzeitig abgeschiedene Kupfermenge im Kupfercoulometer zu ermitteln, um ein Bild von der Stromausbeute zu bekommen. Hat man die günstigsten Versuchsbedingungen ermittelt, so berechne man unter Berücksichtigung der Badspannung und der Stromausbeute die Kosten für die Gewinnung von 1 Kilo Elektrolytblei unter Einsetzung eines Preises von 4 Pf. für die Kilowattstunde.

Versuche mit Bleiazetatlösung. Die gleichen Versuche wiederhole man mit einer Bleiazetatlösung mit 100 g Pb-Metall im Liter und ebensoviel freier wie gebundener Essigsäure. (Ohne Kolloid.) Man überzeuge sich von der Kristallbildung.

25. Eisenraffination in der Hitze und Bestimmung der Stromausbeute. Anwendung von Trennungsschichten. Nachweis des Temperatureinflusses. Anwendung eines Diaphragmas aus Asbestgewebe und Rolle desselben.

Besprechung. Bei der elektrolytischen Abscheidung der Metalle werden diese häufig mit einem Gehalt an Wasserstoff abgeschieden; besonders eingehend ist dieses Verhalten bei der Abscheidung des Eisens studiert worden. — Es gibt Elektrolyte, aus denen sich Eisen bei Zimmertemperatur mit geringem Wasserstoffgehalt abscheiden läßt. Ein solcher besteht in einer Ferrosulfatlösung, die man mit überschüssigem Natriumbikarbonat versetzt hat; das Eisen ist dann in Form von Ferrobikarbonat gelöst. Es können jedoch hierbei nur kleine Stromdichten von etwa 0,2 Amp. auf den Quadratdezimeter angewendet werden.

Die meisten anderen Elektrolyte liefern stark wasserstoffhaltiges Eisen, welches aufreißt und dadurch die Bildung starker Schichten verhindert.

Je höher die Temperatur ist, die man anwendet, um so wasserstoffärmer und deshalb um so duktiler ist das abgeschiedene Eisen; die Niederschläge reißen dann nicht mehr auf, sondern lassen sich in beliebiger Dicke herstellen. Ein derartiger Elektrolyt besteht aus 450 g krist. Ferrochlorid, 450 g krist. Kalziumchlorid und 750 ccm Wasser. Wenn man in der Nähe des Siedepunktes, bei ca 110°, elektrolysiert, so kann man Stromdichten bis zu

20 Amp. auf den Quadratdezimeter anwenden, also sehr rasch
arbeiten. Bei der Elektrolyse muß von Zeit zu Zeit das verdampfte
Wasser ersetzt werden und durch Zusatz geringer Mengen Salzsäure die Abscheidung basischer Salze verhindert werden.

Abgesehen davon, daß man mit Hilfe solcher Eisenniederschläge Abformungen von leitend gemachten Matrizen, ähnlich
wie bei der Kupfergalvanoplastik, machen kann (aber da aus Eisen,
aus billigerem Materiale), hat die Darstellung von reinem Eisen
auch noch insofern Interesse, als das reine Eisen besonders gute
magnetische Eigenschaften, d. h. eine hohe magnetische Leitfähigkeit besitzt, wie in ähnlicher Weise das reine Kupfer eine
hohe elektrische Leitfähigkeit aufweist.

Schließlich sei noch bemerkt, daß auch die wasserstoffhaltigen
harten Eisenniederschläge, die man in ganz dünnen Schichten
leicht bei Zimmertemperatur z. B. auf Kupfer niederschlagen
kann, gewisse Bedeutung besitzen. Kupferne Druckplatten werden
durch sehr dünne harte Eisenüberzüge, wie man sich ausdrückt,
„verstählt“ und unterliegen dadurch beim Drucken einer weniger
schnellen Abnutzung. Diese Verstählung kann leicht durch
Salzsäure abgeätzt und durch eine neue ersetzt werden. Vgl.
Galvanotechnik.

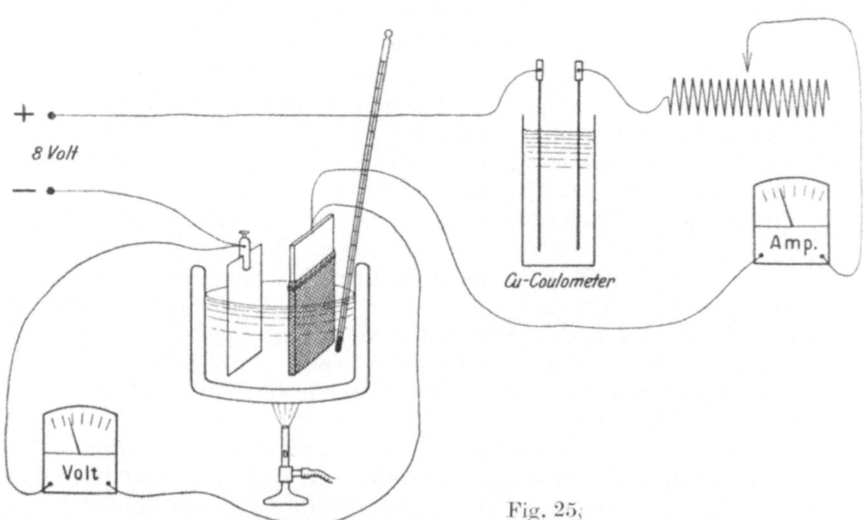

Fig. 25.

Zubehör. 8-Volt-Leitung. — Gasleitung. — 1 Trog aus Quarzgut 7 cm
hoch, 10 cm Durchm. — 1 Dreifuß. — 1 Drahtnetz. — 1 Thermometer. —
Eisenanoden aus Bandeisen. — Kupferblechkathoden. — 1 Kohleanode. —

Asbestgewebe. — 1 Ampèremeter bis 5 Amp. — 1 Widerstand zu 0,8 Ohm bis 5 Amp. belastbar. — 2 Klemmen. — 1 Kupfercoulometer (groß). — 1 Milli-Voltmeter. — Arsenlösung 100 g As_2O_3; 30 g Na_2CO_3 (wasserfrei); 10 g KCN; 1 L H_2O. — Eisenelektrolyt (400 g $FeCl_2$; 450 g $CaCl_2$ (krist.); 750 g H_2O). — Kongopapier. — Lakmuspapier. — Salzsäure. — 7 Drähte.

Ausführung. a) **Versuch in der Hitze.** Ein 7 cm hohes und 10 cm weites dickwandiges Gefäß aus gewöhnlichem undurchsichtigem Quarzgut dient zur Aufnahme des Elektrolyten. Dieser besteht aus 450 g kristallisiertem $CaCl_2$, 400 g krist. $FeCl_2$ und 750 g Wasser. Als Anoden dienen zwei Streifen von 5 cm Breite aus dickem Bandeisen, die vor dem Gebrauch abgebeizt werden, damit die oberste sog. Zunderschicht entfernt wird. Um die Verteilung des Anodenschlammes im Eisenbad zu verhindern, werden die Eisenanoden mit einem dichten Asbestgewebe umwickelt, das nur den Anodenschlamm zurückhält, also nicht die Rolle eines Diaphragmas, sondern lediglich die eines Filters spielen soll. Um den erzeugten Eisenniederschlag von der Kathode abtrennen zu können, wird die künftige Kathode, ein dünnes Kupferblech, erst in einem sog. Arsenbad (1 L H_2O, 100 g As_2O_3, 30 g Na_2CO_3 wasserfrei, 10 g KCN) bei einer Stromdichte von 0,4 Amp. pro qdm unter Verwendung einer Kohleanode mit einem hauchdünnen Arsenüberzug versehen. Der Niederschlag ist dick genug, wenn die Kupferplatte dunkelblau gefärbt erscheint, was nur wenige Minuten erfordert.

Inzwischen wird das Eisenbad bis auf eine Temperatur von etwa 110° gebracht; der hohe Chlorkalziumgehalt gestattet dies. Durch Zusatz einiger Tropfen Salzsäure wird es eventuell geklärt. Das Bad soll so sauer sein, daß blaues Lackmuspapier gerötet und rotes Kongopapier nicht blau, sondern nur violett gefärbt wird. Übrigens schadet ein zu hoher Säuregehalt der Qualität des Eisens nicht, er setzt nur die Stromausbeute herunter. Letztere wird mit einem Kupfercoulometer bestimmt, das in den Stromkreis eingeschaltet wird.

Man beginne den Versuch damit, daß man die Kathoden für das Eisenbad samt ihrem Arsenüberzug und die Kathode für das Kupfercoulometer abwägt, dann setze man beide ein, schließe den Strom (8-Volt-Leitung) und reguliere ihn auf ca. 5 Amp., was einer Stromdichte von 10 Amp. pro qdm entspricht, wenn die Kathode 5 cm breit ist und 5 cm eintaucht; denn beide Seiten zusammen haben dann eine Oberfläche von 50 qdm.

Nach Beendigung des Versuches wird die Kathode aus dem Eisenbad und die aus dem Kupfercoulometer herausgenommen, beide werden schnell mit dest. Wasser abgespült, getrocknet und dann gewogen. Auf Grund des Kupfergewichts im Coulometer wird die Stromausbeute an Eisen berechnet.

Nach diesem Versuch verwende man eine neue Kathode für das Eisenbad, aber ohne Arsenüberzug, und elektrolysiere nun nach einander jeweils wenige Minuten mit folgenden Stromdichten pro qdm: 1, 2, 5, 10, 15, 20, 30. Man ermittle jeweils die zugehörige Badspannung und notiere sich das Aussehen des Eisenniederschlages. Für die Stromdichte 5 Amp. pro qdm und 10 Amp. pro qdm berechne man mit Hilfe der zugehörigen Badspannung und unter Zugrundelegung der ermittelten Stromausbeuten die Energie, die zur Herstellung von 1 kg Elektrolyteisen erforderlich ist.

Während man bei dem ersten Versuch mit der Arsenzwischenlage durch Abschneiden der Ränder des Eisenniederschlages diesen leicht von seiner Kupferunterlage abheben kann, gelingt dies bei dem zweiten Eisenniederschlag, der ohne Arsenzwischenlage hergestellt wurde, nicht oder sehr unvollkommen, da der weiche Eisenniederschlag sich mit der Kupferunterlage bei der Temperatur der Elektrolyse bereits legiert.

b) **Versuch bei Zimmertemperatur.** Um den Einfluß der Temperatur kennen zu lernen, läßt man das Eisenbad sich abkühlen und versucht dann bei Zimmertemperatur mit derselben Stromdichte wie oben beschrieben einen Eisenniederschlag herzustellen. Man prüfe seine Eigenschaften, seine Weichheit, sein Aussehen und die Stromausbeute.

I. Galvanotechnik.

26. Allgemeine Plattierungsmethoden.

Galvanische Überzüge auf einzelne Gegenstände (Zink, Nickel, Blei, Zinn), vorbereitende Arbeiten dazu und Nachbehandlung. Niederschläge aus zyankalischen Bädern (Kupfer, Messing, Silber).

Besprechung. Die galvanischen Überzüge haben verschiedene Zwecke. Auf Eisen sollen sie das Rosten verhindern, so z. B. die am häufigsten angewendete Verzinkung, dann die Verbleiung und Verzinnung. Auch die Vernickelung dient als Rostschutzmittel, wenn sie wohl auch meist mehr aus Schönheitsgründen angewendet wird. Das beste und billigste Rostschutzmittel ist die Verzinkung, weil auch ein nicht völlig porenfreier Zinküberzug das Rosten des Eisens verhindert, da durch auftretende

Lokalströme eher das unedlere Zink sich oxydiert als das Eisen. Anders aber verhält sich z. B. die Verzinnung. Zinn ist edler als Eisen, infolgedessen schützt die Verzinnung das Eisen vor dem Rosten nur, wenn sie porenfrei ist; sie verhält sich also ähnlich wie ein Laeküberzug. An Stellen, wo der Zinnüberzug mangelhaft ist und das Eisen freiliegt, rostet es noch schneller als ohne den Zinnüberzug, weil hier durch die Lokalströme das unedlere Eisen oxydiert wird. Ähnlich wie mit dem Zinn verhält es sich auch mit dem Nickel und dem Blei. (Vgl. Tabelle 6 Spannungsreihe.)

Bei der Herstellung derartiger galvanischer Überzüge kommt es also offenbar darauf an, daß sie möglichst porenfrei und vor allem festhaftend sind, damit nicht durch Kapillarwirkungen die Atmosphärilien unter die galvanische Schutzschicht gelangen können, dort das Rosten verursachen und die Schutzschicht absprengen. Infolgedessen ist eine sorgfältige Vorbereitung der Oberfläche notwendig. Die betreffende Eisenoberfläche wird durch Abbeizen in verdünnter Salzsäure oder Schwefelsäure von Oxyden und dergleichen befreit und außerdem noch durch Behandeln mit Ätzkalk oder Natronlauge, eventl. auch mit Benzin völlig entfettet; dann wird sie mit Wasser abgespült. Völliges Freisein von Fett erkennt man daran, daß die Reste des Wassers auf der Metalloberfläche nicht mehr zu einzelnen Tropfen zusammenlaufen, sondern die ganze Fläche gleichmäßig benetzen. Dann wird der so vorbereitete Gegenstand, ohne daß man ihn an der zu plattierenden Stelle noch einmal mit den Fingern anfaßt, in das betreffende Metallbad eingehängt.

Wenn der Niederschlag fertig ist, nimmt man den Gegenstand heraus, spült ihn schnell mit Wasser ab und trocknet ihn durch Abreiben mit warmen, trockenen Sägespänen oder, wenn es sich um glatte Flächen handelt, zwischen Filtrierpapier. Dickere Gegenstände kann man dadurch schnell trocknen, daß man sie nach dem Abspülen mit kaltem Wasser in siedendes Wasser eintaucht und darin beläßt, bis sie die Temperatur angenommen haben. Nach dem Herausnehmen und oberflächlichen Abschleudern des anhaftenden Wassers trocknen sie infolge ihres großen Wärmeinhaltes sehr rasch.

Zur Verzinkung dient Zinksulfatlösung, deren Leitvermögen man durch Zusatz von Ammoniumsulfat noch erhöht, und die man durch Zusatz von Borsäure ganz schwach sauer hält.

Zur Vernickelung benutzt man eine Lösung von Nickelammoniumsulfat. Häufig geht hier die Anode schlecht in Lösung, was man an dem Schwarzwerden der Anode infolge der

Bildung von Nickelihydroxyd bemerkt. Gewalzte Nickelanoden versagen leichter als gegossene, am besten sind Anoden aus Elektrolytnickel.

Die **Verbleiung** geschieht aus kieselfluorwasserstoffsaurer Lösung. Zur Verhinderung der Kristallbildung auf der Kathode wird zweckmäßig 1 g Gelatine pro Liter zugesetzt.

Die **Verzinnung** geschieht aus einer Lösung von Natriumstannit oder aus einer zyankalischen Lösung; sie wird verhältnismäßig wenig angewendet.

Zahlreiche andere galvanische Niederschläge werden aus zyankalischer Lösung hergestellt. Die **Verkupferung** des Eisens darf, wenn es sich um stärkere Schichten handelt, nicht mit einer Kupfersulfatlösung ausgeführt werden, da das Eisen beim Eintauchen in diese Lösung sich schon durch einfache chemische Umsetzung, aber mit einer sehr schlecht haftenden Schicht verkupfert. Sollen die Kupferschichten auf dem Eisen festhalten, so benutzt man eine Lösung von Kaliumkuprozyanid, aus welcher erst bei Stromschluß Kupfer aus dem Eisen abgeschieden wird, weil die Lösung keine Kupferionen enthält, die durch das Eisen ausgefällt werden können. Da die zyankalischen Bäder die Einhaltung geringer Stromdichten erfordern und deshalb langsamer arbeiten, so verstärkt man die Kupferniederschläge, wenn sie das Eisen vollkommen bedecken, häufig *n* angesäuerten Kupfersulfatbädern, in denen man höhere Stromdichten anwenden darf.

Die Abscheidung von **Messing** geschieht ebenfalls unter Anwendung komplexer Salze, da bei Benutzung eines Gemisches von Kupfersulfat und Zinksulfat erst das Kupfer und dann das Zink abgeschieden werden würde. Aus einem Bad, das Kaliumkuprozyanid und Kaliumzinkzyanid enthält, scheiden sich Kupfer und Zink gleichzeitig, und zwar als Legierung, d. i. in Form von Messing ab. Als Anoden werden dabei Messingplatten benutzt.

Aus ähnlichen Gründen wie die Verkupferung des Eisens muß die **Versilberung** sämtlicher Gegenstände aus zyankalischen Bädern vorgenommen werden; denn stets werden Gegenstände versilbert, die aus unedlerem Metall als dem Silber bestehen und die deshalb aus einfachen Silbersalzen pulveriges Silber ausfällen würden.

Zubehör. 8-Volt-Leitung. — 1 Ampèremeter bis 1 Amp. — 1 Voltmeter bis 3 Volt. — 1 Reg.-Widerstand bis 20 Ohm. — 10 Drähte. — 7 Glaströge. — Anoden aus Zink, Nickel, Blei, Zinn, Kupfer, Messing, Silber. — Kathoden aus Kupfer- und aus Eisenblech. — Bäder (Zusammensetzung in „Ausführung" beschrieben) für Verzinkung, Vernickelung, Verbleiung, Verzinnung, für zyankalische Verkupferung, Vermessingung und

Versilberung. — Abbeizgefäße mit verd. HCl, verd. und konz. HNO_3. — Platte mit Wiener Kalk und Bürsten dazu. — Flache Kiste mit Sägespänen. — Filtrierpapier.

Vorbehandlung: Die mit den Überzügen zu versehenden Eisen- oder Kupferbleche werden vorher durch Abreiben mit breiigem Wiener Kalk von dem anhaftenden Fett befreit und dann wird das Eisen in verdünnter Salzsäure abgebeizt. Schließlich werden sie unter gleichzeitigem Abbürsten unter einem kräftigen Wasserstrahl von der Säure befreit.

Nachbehandlung: Das mit dem Überzug verschene Blech wird unter der Wasserleitung abgespült und mit Hilfe von Sägespänen getrocknet.

Ausführung. Verzinkung: Bad: 250 g $ZnSO_4 \cdot 7\,H_2O$; 50 g $(NH_4)_2SO_4$; 10 g H_3BO_3; 1000 ccm H_2O. Stromdichte bis 3 Amp. pro qdm. Anode: Zinkblech.

Vernickelung: Bad: 75 g $Ni(NH_4)_2(SO_4)_2$; 1000 ccm H_2O. Stromdichte 0,3 Amp. Anode: Nickelblech.

Verbleiung: Bad: 194 g $PbCO_3$; 820 ccm techn. H_2SiF_6 spez. Gew. 1,24; zu einem Liter verdünnt. Stromdichte 1,5 Amp. Anode: Bleiblech.

Daß es für die Form des Niederschlages nicht gleichgültig ist, aus welcher Lösung man ein Metall zur Abscheidung bringt, geht aus folgendem Versuch hervor.

Bad: 100 g $Pb(CH_3COO)_2$ und 10 ccm $50^0/_0$ ige CH_3COOH in 1000 ccm H_2O gelöst. Stromdichte 1,5 Amp. Man vergleiche diesen Niederschlag mit dem aus kieselfluorwasserstoffsaurer Lösung erhaltenen.

Verzinnung: Bad: 25 g $SnCl_2$ krist.; 10 g KCN 100 proz.; 25 g NaOH; 1000 ccm H_2O. Stromdichte 0,2 Amp. Anode: Zinnplatte.

Verkupferung: Zyankalisches Bad: 30 g $KCu(CN)_2$; 1 g KCN; 20 g Na_2SO_4 kalz.; 20 g $NaHSO_3$; 10 g Na_2CO_3 kalz.; 1 L Wasser. Stromdichte: 0,3 Amp. Das zyankalische Kupferbad wird angewandt beim Verkupfern von Eisen- und Zinkblechen, überhaupt bei Metallen, die erheblich unedler sind als Kupfer und daher das Kupfer aus sauren Lösungen von selbst schon ausfällen. Anode: dicke Kupferplatte (Elektrolytkupfer).

Vermessingung: Bad: 14 g $Cu(CH_3COO)_2$; 14 g $ZnCl_2$ geschm.; 40 g KCN; 2 g NH_4Cl; 14 g $NaHSO_3$; 10 g Na_2CO_3 kalz.; 1 L Wasser. Stromdichte: 0,3 Amp. Anode: Messingblech.

Versilberung: Bad: Silberbad: 33 g AgCl; 42 g KCN 100 proz.; 1 L Wasser. Stromdichte: 0,3 Amp. Anode: Silberblech.

In allen Fällen stelle man Niederschläge von derartiger Dicke
dar, daß von der Farbe des Grundmetalles nichts mehr durch-
schimmert, und berechne, wie dick der Niederschlag nach dieser
Zeit ist. Man wird sehen, daß diese Niederschläge in den meisten
Fällen nach 10 Minuten erst eine äußerst geringe Dicke haben.
Aus Stromdichte und Zeit unter Berücksichtigung der Stromausbeute oder direkt durch Wägung erfährt man das Gewicht des
Niederschlages auf einem Quadratzentimeter der Fläche. Mit Hilfe
der in Tabelle 11 angeführten spez. Gewichte der Metalle läßt sich
dann die Dicke der Schicht leicht berechnen. Ferner messe man
jeweils die Badspannung für 5 cm Elektrodenentfernung und die
vorgeschriebene Stromdichte.

27. Spezielle galvanotechnische Methoden.

Herstellung von Klichées, Verstählung derselben,
Metallfärbungen mit Arsen, Antimon oder PbO_2, An-
siede- und Anreibegalvanisierung, elektrolytische
Ätzung und Gravierung.

Besprechung. Häufig angewendet wird die Galvanoplastik
zur genauen Abformung von Gegenständen. Will man z. B.
die genaue Abformung einer Münze, also eines Flachreliefs, ausführen, so wird man erst einen Abdruck der Münze in Wachs
oder ähnlichem plastischem Material machen. Um nun dieses
Negativ, die Matrize, mit Kupfer zu überziehen, um damit also
eine positive Reproduktion der Münze zu erhalten, muß es erst
leitend gemacht werden. Man pinselt es zu diesem Zweck mit
feinem Graphit ein und bringt einige Kupferzuleitungen an.

Die Kupferabscheidung, welche in einem gewöhnlichen
schwach sauren Kupferbad vorgenommen wird, beginnt an der
Kupferzuleitung und wächst allmählich über den ganzen Wachsabdruck der Münze hinweg. Es dürfen jedoch nur kleine Stromstärken angewendet werden, und es ist auch zweckmäßig, die
Matrize recht weit von der Anode weg zu hängen, weil dann die
seitliche Ausbreitung des Kupferniederschlages besser gelingt
(Warum?) In ähnlicher Weise werden auch die sog. Klischées
hergestellt.

Häufig werden kupferne Druckplatten galvanisch mit
einer dünnen harten Eisenschicht (wasserstoffhaltigem Eisen)
überzogen, um die feine Oberfläche der Druckplatte vor Defor-
mationen beim Drucken zu schützen. Solche harten Eisenniederschläge lassen sich, wenn es sich nur um dünne Schichten handelt,
aus kalten Lösungen herstellen, z. B. aus einer Lösung von Ferro-

bikarbonat (Maximowitsch). Die Herstellung dickerer Schichten aus kalten Lösungen gelingt nicht, weil das Eisen zu hart ist und aufreißt. Über die Herstellung dickerer Schichten siehe das unter „Eisenraffination‟ Gesagte.

Unter galvanischer Metallfärbung versteht man in der Hauptsache die elektrolytische Erzeugung sehr dünner Schichten, z. B. von Arsen oder Antimon oder auch von Bleisuperoxyd. Je nach der Schichtdicke fällt die Farbe des Niederschlages anders aus (Farben dünner Blättchen). Arsen und Antimon werden kathodisch, das Bleisuperoxyd anodisch abgeschieden. Hierbei handelt es sich also, wie auch der Name Färbung sagt, nur um die Erzeugung ganz dünner Schichten.

Ferner lassen sich ganz dünne Schichten von Metallen auch ohne äußere Stromquelle erzeugen, entweder dann, wenn man ein unedles Metall in eine passende Lösung eines edleren z. B. in der Siedehitze eintaucht und es gleichzeitig durch Scheuern und Reiben von nicht festhaftenden Teilchen immer wieder befreit, so daß schließlich nur die ausgefällten Metallteilchen übrig bleiben, die wirklich festhaften. So kann man z. B. Zink- und Kupfergegenstände in zyankalischer Silberlösung oberflächlich versilbern (Ansiedeversilberung, Sudversilberung, Anreibeversilberung); aber bei dieser Methode sind die Niederschläge ganz dünn; denn eine Vermehrung des Niederschlages hört auf, sobald die ganze Oberfläche des unedleren Metalles mit dem edleren bedeckt ist, weil dann die Lokalströme, die durch die Kette unedleres Metall — Elektrolyt — edleres Metall erzeugt werden, aufhören.

Die sog. Kontaktgalvanisierung ist insofern etwas besser, als bei ihr die Niederschläge erstens auch auf edleren Metallen und zweitens in etwas dickeren Schichten gewonnen werden können. Man kann dadurch, daß man in eine Lösung von Kaliumsilberzyanid z. B. kupferne Gegenstände eintaucht, die Versilberung etwas besser ausführen, wenn man die Gegenstände in der Lösung mit metallischem Zink in Kontakt bringt, oder man kann die Vernickelung von Eisenwaren aus einer Nickelammoniumsulfatlösung dadurch herbeiführen, daß man sie in Körben aus gelochtem Aluminiumblech in die warme Nickelammonsulfatlösung einhängt. Das Metall des Aluminiumkorbes spielt dann die Rolle des Zinks im vorigen Beispiel, es geht in Lösung, dafür scheidet sich dann Nickel auf dem Eisen ab.

Auch der umgekehrte Vorgang der kathodischen Metallabscheidung, die anodische Auflösung der Metalle, gehört in das

Gebiet der Galvanotechnik. Er findet Anwendung in Form der elektrolytischen Ätzung bzw. Gravierung und wird in der Weise ausgeführt, daß man die betreffenden Kupfer- oder Stahlpatten erst mit einer dünnen Wachsschicht überzieht, die Zeichnung eingraviert und dann als Anode in eine Lösung von Schwefelsäure bzw. Salzsäure einhängt. Durch die Strommenge hat man (nach dem Faradayschen Gesetz) die Quantität des herauszulösenden Metalles genau in der Hand.

Auf ähnlichem Prinzip lassen sich auch Metallinkrustationen (Tauschierungsimitationen) herstellen. Man kann so z. B. in eine Kupferplatte zunächst elektrolytisch irgend eine Zeichnung eingravieren, wie eben beschrieben worden, dann die Kupferplatte in ein Bad von Kaliumsilberzyanid hängen, und zwar diesmal als Kathode, und so die herausgefressenen Kupferstellen durch Silber ersetzen. Wenn genügend Silber niedergeschlagen ist, wird die Wachsschicht entfernt und die Platte plangeschliffen; jetzt erscheint die ursprüngliche Zeichnung auf der Kupferplatte in Silber eingelegt.

Zubehör. 8-Volt-Leitung. — Gasleitung. — 1 Ampèremeter bis 1 Amp. — 1 Voltmeter bis 3 Volt. — Widerstand bis 20 Ohm. — 1 Münze oder andere abzuformende Reliefs. — Wachs, Graphit, blanker Kupferdraht, Porzellanschale, Heizvorrichtung. — Pinsel. — 6 Glaströge. — Kupferplastikbad (in der Ausführung beschrieben). — Kupferanoden. — Kleinsches Stahlbad (in der Ausführung beschrieben). — Eisenanoden, $MgCO_3$ fest, Kongopapier. — Ätzbad, Arsenbad, Antimonbad, alkal. Bleibad, sämtlich in der Ausführung beschrieben. — 2 Kohleplatten als Anoden. — Vernickelte Eisenbleche. — 8 Drähte. — Aluminiumkorb, perforiert. — Porzellanschale dazu. — Autovolt-Nickelbad (in der Ausführung beschrieben).

Ausführung. a) **Herstellung von Klischees und Galvanos.** Das für die Herstellung der Matrize erforderliche Wachs wird über einer Flamme etwas erweicht, dann geknetet und auf einer Platte plattgedrückt. Die vorher gut gereinigte Münze wird in die glatte Oberfläche des Wachses eingedrückt und vorsichtig abgehoben. Der Wachsabdruck wird sorgfältig mit einem Pinsel graphitiert. Vorher wird ein an einem Ende hakenförmig umgebogener Kupferdraht mit seinem anderen Ende so in die Wachsmatrize eingedrückt, daß er den Abdruck ringförmig umschließt (Zuleitung des Stromes). Dann wird die so vorbereitete graphitierte Matrize in das Kupferplastikbad (200 g $CuSO_4$ · 5 H_2O; 30 g konz. H_2SO_4; 1000 ccm H_2O) eingehängt und mit einer Stromdichte von 2 Amp. ein Kupferüberzug erzeugt.

b) Zur **Verstählung** kupferner Druckplatten benutzt man meist das sog. Stahlbad nach Klein. 200 g $FeSO_4$. 7 H_2O werden in einem Liter Wasser gelöst und mit 10 ccm konz. H_2SO_4 angesäuert, dann werden 16 g $MgCO_3$ zugesetzt. Falls das Bad noch nicht neutral ist (Prüfung mit Kongopapier), wird noch mehr $MgCO_3$ zugesetzt. Auf diese Weise wird ein Bad erhalten, das noch große Mengen CO_2 gelöst enthält, was günstig ist für die Abscheidung des Eisens. Das Eisen wird als harter Überzug bei einer Stromdichte von 0,3 Amp. auf das eingehängte Klischee oder auf ein Cu-Blech abgeschieden. Als Anode dient ein Eisenblech.

c) Die Metallfärbung auf galvanischem Wege geschieht, indem man das zu färbende Blech in ein Arsenbad (100 g As_2O_3; 30 g Na_2CO_3 kalz.; 10 g KCN 100 proz; 1 L. Wasser) oder in ein Antimonbad (50 g Na_3SbS_4; 10 g Na_2CO_3 kalz.; 1 L. Wasser) als Kathode einhängt und als Anode eine Kohleplatte verwendet. Die Stromdichte betrage 0,3—0,4 Amp.

Auch aus dem alkalischen Bleibad kann man färbende Niederschläge erzeugen. Man verwendet eine Bleiazetatlösung, die mit überschüssiger 15 proz. NaOH versetzt ist. Die Stromdichte muß möglichst gering sein, das zu färbende Nickelblech macht man zur Anode. Falls man die Kathode punktförmig macht und nahe an die Anode heranbringt, kann man auf letzterer Farbringe erzeugen.

d) Elektrolytische Ätzung und Gravierung. Das zu ätzende Kupferblech wird gebeizt und dekapiert (von Verunreinigungen, insbesondere Fett, befreit), gelinde erwärmt und mit einem dünnen gleichmäßigen Wachsüberzug versehen. An den zu ätzenden Stellen wird das Wachs entfernt und das Blech dann als Anode in das Ätzbad (65 ccm konz. H_2SO_4 in 1 L. Wasser) eingehängt. Die Stromdichte betrage nicht über 10 Amp. pro qdm, berechnet auf die freigelegte Metallfläche! Nach 10 Minuten wird das Blech aus dem Bade herausgenommen und ev. vernickelt. (Vergl. Aufgabe 26).

e) Ansiede- und Anreibegalvanisierung, Kontaktgalvanisierung. Als Beispiel sei hier nur die Vernicklung von kleinen Kupfergegenständen durch Erwärmen derselben in einem Nickelbade besprochen, wobei sie sich in Kontakt mit dem Metall eines Korbes aus Aluminium befinden. Das Aluminium wird dabei allmählich verbraucht und bildet Aluminiumsulfat, wofür sich Nickel auf dem Kupfer abscheidet. Die Nickellösung hat folgende Zusammensetzung: Wasser 1 L., $NiCl_2$ 13,5 g, NH_4Cl 20 g, Na_2CO_3 8,5 g, Na_2HPO_4 235 g, $(NH_4)_2CO_3$ 8,5 g.

Man bringt die zu vernickelnden Gegenstände in den Aluminiumkorb, die Lösung erhitzt man in einer großen Porzellanschale bis auf etwa 50^0, dann taucht man den perforierten Aluminiumkorb mit den Gegenständen in das heiße Bad ein. Bezüglich der anderen Methoden muß auf die einschlägige Literatur, z. B. Pfanhauser: Galvanotechnik, und Buchner: Metallfärbung verwiesen werden.

K. Elektrolyse der Chloralkalien.

28. Elektrolyse von Chlornatrium mit Diaphragma. Kontrolle der Stromausbeute im Kathodenraum und Rückgang derselben durch Fortwanderung der Hydroxylionen.

Besprechung.   Elektrolysiert man Kochsalzlösung unter Anwendung eines Tondiaphragmas mit Graphit als Anode, Eisenblech als Kathode, so entsteht an der Kathode Natriumhydroxyd und Wasserstoff, an der Anode Chlor.   Das Diaphragma muß also der gleichzeitigen Einwirkung von Chlor und von Natriumhydroxyd Widerstand leisten können.   Haltbarer und billiger als Tondiaphragmen sind solche aus porösem Zement, die man in der Technik (Griesheim - Elektron) dadurch herstellt, daß man den Zement statt mit Wasser, mit gesättigter und schwach mit HCl angesäuerter Kochsalzlösung anrührt. Wenn der Zement abbindet, verbraucht er Wasser und scheidet dadurch Kochsalz in kleinen Kristallen in sich aus.   Laugt man nachher die Zementdiaphragmen mit Wasser aus, so löst sich das Kochsalz heraus, und es hinterbleibt ein poröses Zementdiaphragma.

Solange im Kathodenraum sich nur Chlornatrium befindet, wandern vom Kathodenraum zum Anodenraum lediglich Chlorionen fort, es beginnen aber auch Hydroxylionen in den Anodenraum zu wandern, sobald der Kathodenraum Natriumhydroxyd enthält, und in dem Maße, wie der Natriumhydroxydgehalt steigt, vermehrt sich rasch die Zahl der in den Anodenraum einwandernden Hydroxylionen, da sie ungefähr drei mal so schnell wandern wie die Chlorionen.

Aus dieser Tatsache geht zweierlei für den technischen Prozeß der Alkalielektrolyse mit Diaphragma hervor.   Die Zunahme an Alkali im Kathodenraum geschieht nicht entsprechend dem Faradayschen Gesetz, weil ein Teil der Hydroxylionen in den Anodenraum fortwandert, mit anderen Worten, die Stromausbeute an Alkalihydroxyd geht mit der Zeit zurück, und es kommt ein Zeitpunkt, wo es zweckmäßig ist, die Kathodenflüssigkeit ablaufen zu lassen und durch Eindampfen (in einem Vakuum-Apparat) das Kochsalz auszuscheiden.

Die in den Anodenraum einwandernden Hydroxylionen scheiden sich an der Anode ab und oxydieren die Anodenkohle zu Kohlensäure und zu anderen Oxydationsprodukten des Kohlenstoffes, sie rufen also einen starken Verbrauch an Kohleelektroden hervor. Zweitens mischt sich die entstehende Kohlensäure dem Chlor bei, so daß bei der Verarbeitung des Chlors mit Hilfe von Ätzkalk zu Chlorkalk gleichzeitig ein Teil des Ätzkalks in das wertlose Kalziumkarbonat übergeführt wird. Es entsteht also ein an aktivem Chlor weniger reicher Chlorkalk, als wenn kohlensäurefreies Chlor zu seiner Darstellung verwendet wird.

Aus diesem Grunde werden in der Technik vielfach an Stelle der Graphitanoden Elektroden aus geschmolzenem Eisenoxyduloxyd verwendet, welche gegen Chlor sehr beständig sind und keine schädlichen Beimengungen zum Chlor liefern können (etwas Sauerstoff!).

Über das Gebiet der Elektrolyse der Chloralkalien siehe Billiter, „Elektrochemische Verfahren der chemischen Großindustrie", Bd. 2.

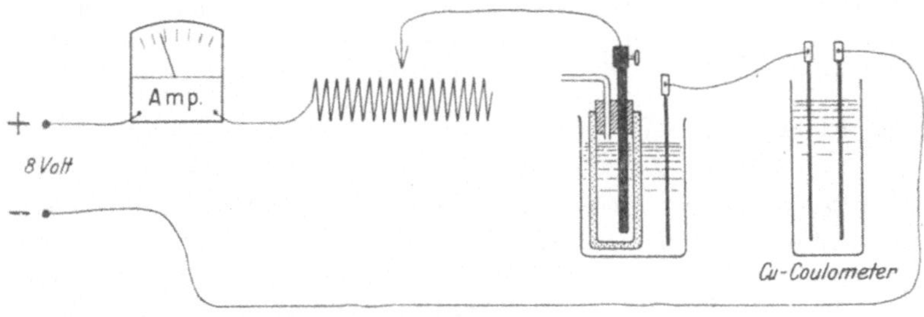

Fig. 26.

Zubehör. 8-Volt-Leitung. — Abzug. — 1 rundes Glasgefäß. — Hierzu passendes Diaphragma mit Gummistopfen. — 1 Eisenblechkathode. — 1 Graphitanode oder Magnetitanode. — 1 Ampèremeter bis 3 Amp. — 1 Widerstand bis 20 Ohm. — 1 Kupfercoulometer. — 5 Drähte. — Kochsalzlösung (20 proz.). — Fettstift. — 1 Bürette. — 1 Pipette zu 5 ccm. — $^1/_{10}$ n-H_2SO_4. — Phenolphtalein. — 1 Erlenmeyerkolben. —

Ausführung. (Fig. 26.) In einem Glastopf von etwa 10 cm Höhe und 8 cm Weite befindet sich eine Tonzelle, die einen gefetteten Gummistopfen mit zwei Durchbohrungen enthält. Die eine Durchbohrung trägt einen Kohlestift als Anode, die andere ein rechtwinklig gebogenes Glasrohr zur Fortführung des entwickelten Chlors. Außerhalb der Tonzelle dient ein Zylinder aus Eisenblech als Kathode.

Anoden- und Kathodenraum werden mit 20 proz. Kochsalzlösung gefüllt, zuerst aber die Tonzelle und dann, wenn sie durch-
feuchtet ist, erst der Kathodenraum. Letzterer wird von 50 zu
50 ccm aufgefüllt und die Höhe der Flüssigkeitssäule jeweils außen
auf dem Glase mit blauem Fettstift markiert, weil nachher Aus-
beutebestimmungen gemacht werden sollen.

Man läßt nun einen Strom von etwa 2 Amp. hindurchgehen,
nimmt jede Viertelstunde 5 ccm der Kathodenflüssigkeit heraus
und titriert das entstandene Alkali. Die Differenzen zwischen den
einzelnen Titrationen ergeben die allmähliche. Konzentrationszunahme des Alkalis in einem Volumen von 5 ccm. Die vorhandene
Gesamtmenge erfährt man, wenn man die noch vorhandene
Flüssigkeitsmenge im Kathodenraum ermittelt und die in 5 ccm
gefundene Alkalimenge auf das Gesamtvolumen umrechnet.
Aus letzterer Zahl und dem Kupferniederschlage in einem vorge-
schalteten Coulometer kann man die Stromausbeute ermitteln
und feststellen, ob sich die Stromausbeute von Viertelstunde zu
Viertelstunde verändert und wie stark. Die Erklärung für das
Zurückgehen der Stromausbeute ergibt sich aus der in der Besprechung erwähnten Beteiligung der entstehenden und schnell
wandernden Hydroxylionen an der Stromleitung.

29. Elektrolyse von NaCl mit Quecksilberkathode und sekundärer Zersetzung des Natriumamalgams.

Besprechung. Elektrolysiert man Kochsalzlösung mit einer
Graphitanode und einer Quecksilberkathode, so entwickelt sich
an dem Graphit Chlor, und am Quecksilber wird Natrium abgeschieden, das sich sofort unter Bildung von Natriumamalgam darin
auflöst, wodurch es der sofortigen Einwirkung des Wassers ent-
zogen wird. Man könnte nun das amalgamhaltige Quecksilber
ablaufen lassen, durch neues Quecksilber ersetzen und durch Be-
handlung mit warmem Wasser das Natriumamalgam zerlegen in
Natronlauge und Wasserstoff unter Rückgewinnung des Quecksilbers.

Es gibt aber noch andere Wege, aus dem Natriumamalgam
Natriumhydroxyd und Wasserstoff zu gewinnen, und diese werden
in der Technik begangen. Bei dem sog. Castnerschen Verfahren wird ein Gefäß durch eine nicht leitende Scheidewand bis
beinahe zum Boden herab in zwei Teile geteilt, dann wird Quecksilber bis zum unteren Ende der Scheidewand eingefüllt, so daß
die beiden Räume nun durch Quecksilber räumlich getrennt aber
doch in leitender Verbindung sind. Man füllt nun in den einen
Raum gesättigte Kochsalzlösung und führt eine Graphitanode

ein. In den anderen Raum kommt ganz schwache Natriumhydroxydlösung und eine Kathode aus Eisen. Außerdem sorgt
man durch eine Rührvorrichtung oder durch sonstiges Bewegen
des Quecksilbers dafür, daß das Quecksilber aus dem Kathodenraum gegen dasjenige im Anodenraum dauernd ausgewechselt
wird. Schließt man den Strom, so scheidet sich an dem Quecksilber im Kochsalzraum Natrium ab, das Natriumamalgam gelangt
durch die Rührvorrichtung auch in den Alkaliraum und dort
geht, da das Quecksilber als doppelpolige Elektrode wirkt, das
Natrium anodisch in Lösung, während sich an der Eisenelektrode
Wasserstoff und Natronlauge bilden. Allmählich wird also die
anfangs verdünnte Natronlauge im Alkaliraum immer konzentrierter, sie hat den Vorzug, daß sie von Anfang bis zu Ende
chlorfrei ist.

Ein Nachteil dieses Castnerschen Verfahrens ist aber
folgender: Ganz quantitativ löst sich das an der Quecksilberkathode im Alkaliraum abgeschiedene Natrium insbesondere bei
mangelhafter Rührung nicht im Quecksilber auf, bzw. eine geringe
Einwirkung der chlorhaltigen Kochsalzlösung auf die oberste
Amalgamschicht findet immerhin statt. Wenn nun z. B. 26,8
Amp.-Std. durch den Apparat geschickt werden, so geht also
nicht ein ganzes Grammäquivalent Natrium wirklich in das
Quecksilber hinein. Im Alkaliraum wird aber am Quecksilber
ein ganzes Grammäquivalent Hydroxylionen entladen, und da
das Quecksilber nicht die äquivalente Menge Natrium enthält,
so wird außer dem Natrium auch etwas Quecksilber angegriffen
und oxydiert; dadurch wird das Quecksilber allmählich zäh-
flüssig und verschlammt.

Eine Modifikation dieses Verfahrens, das Castner - Kellner -
Verfahren, vermeidet den Übelstand dadurch, daß das Quecksilber
nicht als doppelpolige Elektrode dient.

Der elektrolysierende Strom durchfließt nur die Kochsalzlösung zwischen der Graphitanode und der Quecksilberkathode.
Durch mechanische Mittel wird das Natriumamalgam in einen
zweiten Raum hineinbefördert und durch neues Quecksilber ersetzt.
In dem zweiten Raum, in dem sich von Anfang an schwache
Natriumhydroxydlösung befindet, wird durch Kurzschluß zwischen
der Eisenelektrode und dem Amalgam die Bildung von Natriumhydroxyd und Wasserstoff herbeigeführt. Sobald kein Natrium
mehr im Quecksilber ist, hört der Kurzschlußstrom von selbst
auf, es wird also hier kein Quecksilber angegriffen. Außerdem erfordert das Castner - Kellner - Verfahren weniger Spannung,
denn hier wird nur Kochsalzlösung elektrolysiert, während beim

älteren Castner - Verfahren Kochsalzlösung und Natriumhydroxydlösung hintereinandergeschaltet elektrolysiert werden
müssen.

Zubehör. 8 - Volt - Leitung. — Abzug. — Wasserstrahlgebläse. —
1 Ampèremeter bis 3 Amp. — 1 Regulierwiderstand zu 20 Ohm. — 1 Eisentiegel (5 cm hoch, 7 cm weit) mit Klemme. — 20 ccm Quecksilber. —
1 Glasrohr (7 cm lang, 3 cm weit). — 1 doppelt durchbohrter Gummistopfen (3 cm weit) mit 1 Kohlestab und einem rechtwinklig gebogenen
Glasrohr. — 1 rechtwinklig gebogenes Glasrohr zum Einblasen von Luft
in das äußere Quecksilber. — 1 Gummischlauch. — 20 proz. Kochsalzlösung. — 1 Kupfercoulometer. — 1 Pipette zu 5 ccm. — 1 Erlenmeyerkolben. — 1 Bürette. — $^1/_{10}$ n. Schwefelsäure. — 1 Glasstab. — Phenolphtalein. — 5 Drähte.

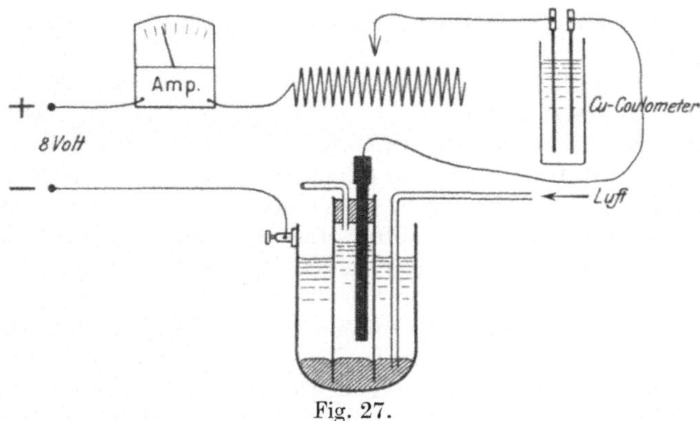

Fig. 27.

Ausführung. (Fig. 27.) Ein Eisentiegel von 5 cm Höhe und
7 cm Weite wird etwa 1 cm hoch mit Quecksilber beschickt und
mit einer Polklemme versehen. In das Quecksilber taucht ein
7 cm langes und 3 cm weites Glasrohr ein, das oben mit einem
gefetteten Gummistopfen verschlossen ist. Dieser trägt in der
einen Bohrung einen Kohlestift, in der anderen ein rechtwinklig
gebogenes Glasrohr zur Fortleitung des Chlors. Der Raum zwischen
Glasrohr und Tiegelwand wird mit reinem Wasser, das Glasrohr,
das ½ cm tief in das Quecksilber taucht, wird mit 10 proz. Kochsalzlösung gefüllt.

Ein enges Glasrohr, das zwischen Tiegelwand und dem mit
Kochsalzlösung beschickten Raum in das Quecksilber taucht,
dient zum Einblasen von Luft, die dauernd das Quecksilber in
Bewegung halten soll.

Man sendet einen Strom von etwa 1 Amp. durch den Apparat.
Dabei ist das Quecksilber Kathode, es bildet Natriumamalgam;

die Kohleelektrode ist Anode, an ihr entwickelt sich Chlor, das durch das Glasrohr abzieht. Durch die Bewegung des Quecksilbers mit Hilfe der eingeblasenen Luft gelangt das entstandene Natriumamalgam nach außen in Kontakt mit dem Eisentiegel und dem darüber geschichteten Wasser. Es entsteht ein kurzgeschlossenes Element: Fe/Wasser bzw. Natronlauge/Natriumamalgam.

Das Natrium geht in Lösung als Natriumion, und Wasserstoffionen werden am Eisen entladen. Es entsteht also in dem äußeren Raume allmählich Natronlauge, deren Konzentration dauernd zunimmt, und deren Konzentrationszunahme nach einer halbstündigen Elektrolyse durch Titration von 5 ccm aus dem äußeren Raume ermittelt werden soll. Man rechnet dann auf das Gesamtvolumen um und erfährt unter Berücksichtigung des Kupferniederschlages im Kupfercoulometer die Stromausbeute bei dieser Nachahmung des technischen Quecksilberverfahrens.

30. Das Glockenverfahren.

Besprechung. Das technische sogenannte Glockenverfahren arbeitet ohne Anwendung eines besonderen Diaphragmas, aber die Einwirkung der Elektrolysenprodukte aufeinander zwecks Gewinnung von Chlor und Alkali wird verhindert, indem eine horizontal angeordnete, vielfach durchlöcherte Kohleanode in einer aus Zement hergestellten, unten offenen Glocke benutzt wird. Diese Glocke hängt in einem Zementtrog, aber mit einigem Abstand vom Boden, und ist außen von einem a's Kathode dienenden Eisenblech umgeben. Als Elektrolyt dient gesättigte Kochsalzlösung. Bei manchen Varianten des Verfahrens wird sogar der Boden des Zementtrogs so hoch mit festem Kochsalz bedeckt, daß das feste Kochsalz nicht nur die Sättigung der Kochsalzlösung aufrecht erhält, sondern sogar als eine Art Diaphragma dient. In der Umgebung der Anode, aus der das Natrium in der Richtung der Kathode fortwandert, entsteht eine spezifisch leichtere Flüssigkeitsschicht, die sich also nicht nach unten senkt, wodurch keine Vermischung mit der außerhalb der Glocke stehenden Natriumhydroxydlösung eintreten kann.

Zubehör. 8-Volt-Leitung. — Abzug. — 1 Ampèremeter bis 3 Amp. — Regulierwiderstand. — 1 zylindrisches starkwandiges Glasgefäß (10 cm hoch, 12 cm weit). — 1 Flasche mit abgesprengtem Boden (10 cm weit, 10 cm hoch). — 1 doppelt durchbohrter Gummistopfen mit 1 Kohlestab und einem rechtwinklig gebogenen Glasrohr. — 1 Ring aus Eisenblech (1 cm breit, 11 cm Durchmesser) mit angenietetem Kupferdraht. — Kochsalz. — Gesättigte Kochsalzlösung. — 1 Kupfercoulometer mit Elektroden. — 1 Pipette zu 5 ccm. — $^1/_{10}$ n. Schwefelsäure. — Phenolphthalein. — 1 Bürette. — 1 Erlenmeyerkolben. — 1 Glasstab. — 5 Drähte.

Ausführung.   (Fig. 28.)   Das sog. Glockenverfahren kann man in der Weise nachmachen, daß man in einen Glastopf von 10 cm Höhe und ca. 12 cm Weite eine etwa 10 cm weite Flasche mit abgesprengtem Boden einsetzt, welche oben mit einem doppelt durchbohrten, gefetteten Gummistopfen verschlossen ist. Der Gummistopfen trägt einen Kohlestab als Anode und ein Glasrohr zur Abführung des Chlors. Im obersten Teile des äußeren Raumes hängt eine ringförmige Kathode aus Eisenblech. Als Elektrolyt

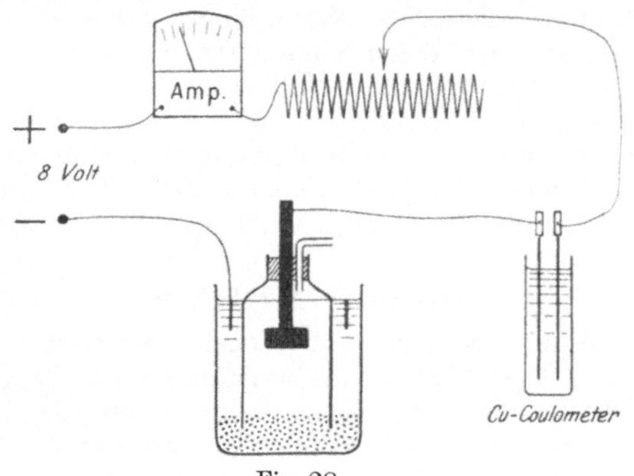

Fig. 28.

dient eine gesättigte Lösung von Kochsalz, und am Boden befindet sich noch festes Kochsalz aufgeschichtet. Der Kohlestab im Anodenraum taucht nur wenig in die Lösung ein, damit sie trotz der Gasentwicklung möglichst ruhig bleibt, und aus dem gleichen Grunde hängt die Kathode im äußeren Raume im obersten Teile des Elektrolyten, damit die Wasserstoffentwicklung kein Rühren des Elektrolyten herbeiführt. Man elektrolysiert mit etwa 1 Amp. und verfolgt die Zunahme der Alkalikonzentration im Kathodenraum, so wie beim Diaphragmaverfahren beschrieben.

31. Hypochlorit.

Elektrolyse ohne Diaphragma bei Zimmertemperatur.

Bei der Elektrolyse von Kochsalzlösung ohne Diaphragma wirken, wenn man nicht besondere Vorkehrungen trifft, die Produkte der Elektrolyse aufeinander ein. Während sich an der Kathode Wasserstoff und Natronlauge bildet, entsteht an der Anode Chlor. Zunächst löst es sich in der Kochsalzlösung in der Nähe der Anode, und zum Teil entweicht es gasförmig. Bald aber

trifft durch Strömung oder künstliche Rührung die an der Kathode
gebildete Natronlauge mit der mit Chlor gesättigten Kochsalzlösung zusammen, und es entsteht Natriumhypochlorit. Wenn
man den Hypochloritgehalt nicht sehr hoch treibt, so bleibt
die Stromausbeute bei Verwendung geeigneter Apparaturen
gut. Während aber zu Beginn der Elektrolyse, wie schon erwähnt,
etwas Chlor verloren geht, treten später Verluste an Hypochlorit
dadurch ein, daß es einerseits an der Kathode durch den naszierenden Wasserstoff wieder zu Chlorid reduziert und andererseits an der Anode zu Chlorat oxydiert wird.

Diese Elektrolyse von Kochsalzlösungen ohne Trennung
von Anoden- und Kathodenraum wird in der Technik zur Herstellung von sogen. Bleichlaugen benutzt, welche vielfach statt
Chlorkalk Verwendung finden.

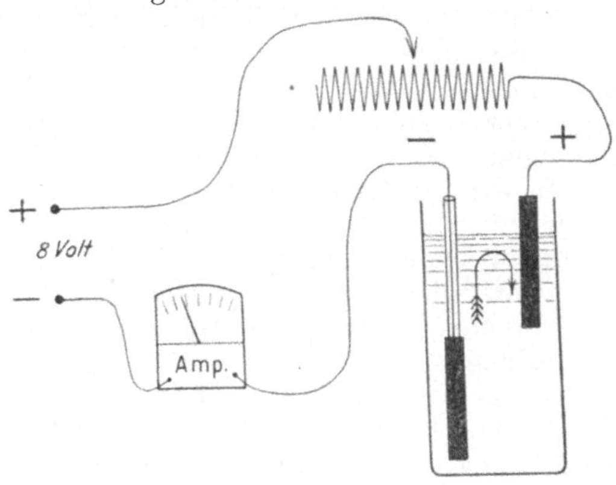

Fig. 29.

Zubehör. 8-Volt-Leitung. — Abzug. — 1 Ampèremeter bis 5 Amp. —
1 Widerstand bis 18 Ohm. — 2 viereckige Gläser (1 großes und 1 kleines).
Kaliumjodidlösung. — Lösl. Stärke. — NaCl. — $CaCl_2$. — $K_2Cr_2O_4$.
— 2 Kohleplatten. — 1 Cu-Coulometer. — 1 Pipette zu 5 ccm. — 1 Bürette.
— 1 Glasstab. — 1 Becherglas. — Reagenzgläser zum Aufbewahren der
einzelnen Proben. — 4 Drähte. — $^1/_{10}$ n. Natriumthiosulfatlösung. —
Kaliumjodidlösung. — Lösliche Stärke. — NaCl. — $CaCl_2$. — $K_2Cr_2O_7$.

Ausführung. (Fig. 29.) Als Elektrolysiergefäß dient ein
20 cm hoher und 12 cm weiter Glastrog. Anode und Kathode
bestehen aus Kohleplatten. Die Anode hängt auf der einen Seite
des Troges im oberen Teile des Elektrolyten, die Kathode ihr
gegenüber, aber in der unteren Hälfte des Troges, oder ihre obere
Hälfte wird durch Glasplatten abgedeckt, damit die Elektrolyse
auf den unteren Teil beschränkt bleibt. Durch den von unten

aufsteigenden Wasserstoff wird eine kräftige Rührung des Elektrolyten erzeugt. Als Elektrolyt dient eine 20 proz. Kochsalzlösung, und die Stromdichte beträgt ca. 10 Amp. pro qdm.

Die anfangs hohe Stromausbeute nimmt mit der Zeit ab. Sie wird durch halbstündige Probeentnahme (5 ccm, Versetzen mit Jodkalium und Salzsäure und Titration des ausgeschiedenen Jods mit $^1/_{10}$ n. Natriumthiosulfat) kontrolliert, indem man aus Zeit und Stromstärke die theoretisch mögliche Menge von Hypochlorit sich berechnet.

Die Abnahme der Stromausbeute mit der Zeit rührt im wesentlichen daher, daß das Hypochlorit an der Kathode wieder reduziert wird. Man begegnet diesem Mißstand einesteils dadurch, daß man an der Kathode hohe Stromdichten verwendet, wodurch die Reduktion in erwünschter Weise mit schlechter Stromausbeute verläuft. Andererseits läßt sich die kathodische Reduktion noch dadurch einschränken, daß man dem Elektrolyten 0,1 % Chlorkalzium, oder noch besser. 0,5 % neutrales Alkalichromat zusetzt. Im ersteren Falle entsteht direkt auf der Kathode eine Art Diaphragma aus Kalziumhydroxyd, das, wenn es auch dauernd zerrissen wird, sich doch immer wieder neu bildet, und im zweiten Falle entsteht ein Niederschlag von Chromoxydhydrat auf der Kathode. Beide erzeugen auf ihr eine mehr oder weniger ruhende Flüssigkeitsschicht und verhindern, daß immer neues Hypochlorit in direkten Kontakt mit der Kathode und dadurch zur Reduktion gelangt.

Man stelle für gewöhnliche, dann für eine mit 0,1 % Chlorkalzium und schließlich für eine mit 0,5 % Kaliumdichromat versetzte Kochsalzlösung fest, welche Konzentrationen an Hypochlorit man erreichen kann, ohne daß die Stromausbeute unter 50 % sinkt.

32 . Elektrolyse von Chlorkalium in der Hitze. Darstellung von Kaliumchlorat.

Besprechung. Elektrolysiert man Kaliumchloridlösungen ohne Diaphragma in der Hitze statt in der Kälte, so bildet sich statt Hypochlorit Chlorat. Insbesondere die Darstellung von Kaliumchlorat hat sich zu einer lohnenden Industrie gestaltet. Die Anoden bestehen dabei aus Platiniridium, weil Kohle bzw. Graphit vom Sauerstoff angegriffen würde, die Kathoden bestehen aus Graphit, weil die Reduktion des Chlorats am Graphit nur in geringem Maße stattfindet, wodurch die Verwendung eines Diaphragmas überflüssig wird. Um die Reduktion jedoch noch weiter herabzudrücken, benutzt man vielfach membranbildende

Zusätze wie Kaliumdichromat, die durch Bildung von Aus-
scheidungen an der Kathode eine Art Diaphragma erzeugen.
(Vgl. beim Hypochlorit.)

Die Entstehung von Chlorat in der Hitze an Stelle des in der
Kälte entstehenden Hypochlorits hat ihre Analogie bei der
chemischen Herstellung von Hypochlorit und Chlorat. Leitet
man Chlor in der Kälte in Natronlauge ein, so entsteht Natriumhypochlorit und Natriumchlorid nach der Gleichung:

$$2\,NaOH + Cl_2 = NaOCl + NaCl + H_2O.$$

In der Hitze entsteht Chlorat und Chlorid nach der Gleichung:
a) aus Hypochlorit: $3\,NaOCl = NaClO_3 + 2\,NaCl$, oder
b) aus Chlor und Natronlauge: $6\,NaOH + 3\,Cl_2 = NaClO_3 +$
$+ 5\,NaCl + 3\,H_2O.$

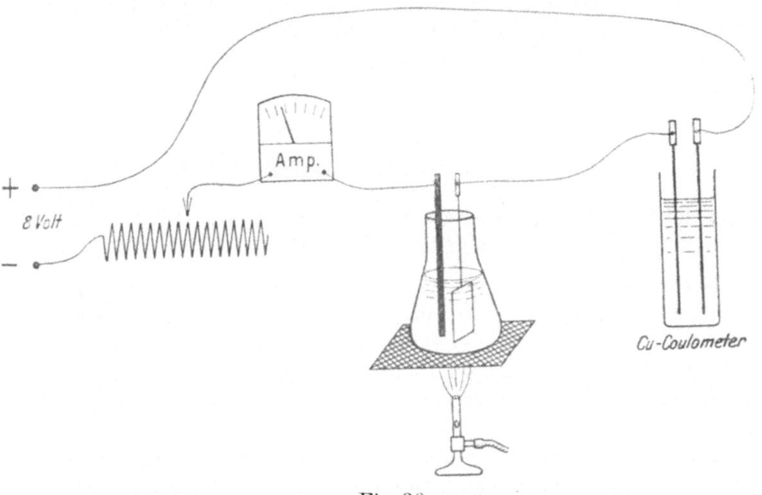

Fig. 30.

Zubehör. 8-Volt-Leitung. — 1 Ampèremeter bis 5 Amp. — 1 Reg.
Widerstand 1,8 Ohm. — Abzug. — Gasleitung. — 1 Erlenmeyerkolben. —
1 Wasserbad. — 1 Platinblechanode. — 1 Graphitplatte als Kathode. —
1 Kupfercoulometer. — KCl. — $K_2Cr_2O_7$. — HCl verdünnt. — 1 Saugflasche
mit Nutsche und Filtern. — Wasserstrahlpumpe. — 5 Drähte.

Ausführung. (Fig. 30.) Als Elektrolysiergefäß dient ein
möglichst hohes Becherglas von etwa 6 cm Weite oder ein weit-
halsiger Erlenmeyerkolben von 200 ccm Inhalt. Als Anode
benutzt man ein Platinblech von 5 cm Länge und etwa 2 cm Breite,
als Kathode einen Kohlestab von 8 mm Durchmesser. Als Elektrolyt dient eine in der Wärme hergestellte Lösung von 50 g

Chlorkalium und 0,7 g Kaliumdichromat in 125 ccm Wasser. Man elektrolyisert mit einer Stromdichte von ca. 20 Amp. pro qdm, bei beiderseitiger Benutzung der Anode also mit etwa 4 Amp. Die Temperatur wird auf ca. 60° gehalten.

Man elektrolysiert etwa drei Stunden lang und sorgt für eine ganz schwach saure Reaktion dadurch, daß man, wenn die rotgelbe Färbung des Bichromats in die gelbe Färbung des neutralen Chromats übergeht, jeweils einige Tropfen Salzsäure zusetzt. Nach 3 Stunden unterbricht man den Strom, läßt erkalten und saugt das ausgefallene Kaliumchlorat auf einer Nutsche ab. Man berechne unter Berücksichtigung der aufgewendeten Elektrizitätsmenge die Stromausbeute an festem Kaliumchlorat. In der Zeit von drei Stunden können bei 4 Amp. (also 12 Amp.-Std.) höchstens 9 g $KClO_3$ entstehen, da 1 Amp.-Std. nur 0,75 g KCl liefert. Aus dem im Coulometer niedergeschlagenen Kupfer wird die Stromausbeute bestimmt.

L. Andere anorganische Beispiele.

33. Elektrolytische Regeneration der Chromsäure an Bleisuperoxydanoden.

Besprechung. Hier handelt es sich darum, in schwefelsaurer Lösung Chromsulfat zu Chromsäure zu oxydieren. Als Anodenmaterial dient eine mit Bleisuperoxyd überzogene Bleiplatte; sie hat vor Platin den Vorteil, billig zu sein, und augenscheinlich begünstigt das Bleisuperoxyd die Geschwindigkeit der Oxydation des Chromsulfates.

Für die Bestimmung der Stromausbeute ist zu beachten, daß, wenn man den Versuch mit einer neuen Bleianode anfängt, dann erst ein Teil der aufgewendeten Strommenge zur Bildung von Bleisuperoxyd auf der Anode benutzt wird; erst nachher beginnt die Oxydation von Chromsulfat zu Chromsäure. Begünstigt wird der glatte Ablauf der Oxydation ferner durch Anwendung höherer Temperaturen, weil dadurch die Reaktionsgeschwindigkeit an der Anode gesteigert wird.

Das Verfahren wird in der Technik benutzt zur Regeneration der Chromsäure aus Chromsulfatlösungen, die z. B. bei der Oxydation von Anthrazen zu Anthrachinon entstehen. Durch die Elektrolyse regeneriert, können dann die Lösungen von neuem zur Oxydation außerhalb des Elektrolysiergefässes benutzt werden.

Die Oxydation des Chromiions kann man sich folgendermaßen vorstellen. Das Chromisulfat von der Formel: $Cr_2(SO_4)_3$ nimmt noch drei entladene SO_4-Ionen auf und spaltet sich dann in zwei Moleküle $Cr(SO_4)_3$. Die Chromsäure ist eine äußerst schwache Base, infolgedessen hydrolysiert sich das Sulfat des sechswertigen Chroms sofort nach der Gleichung:

$$Cr(SO_4)_3 + 3\,H_2O = CrO_3 + 3\,H_2SO_4.$$

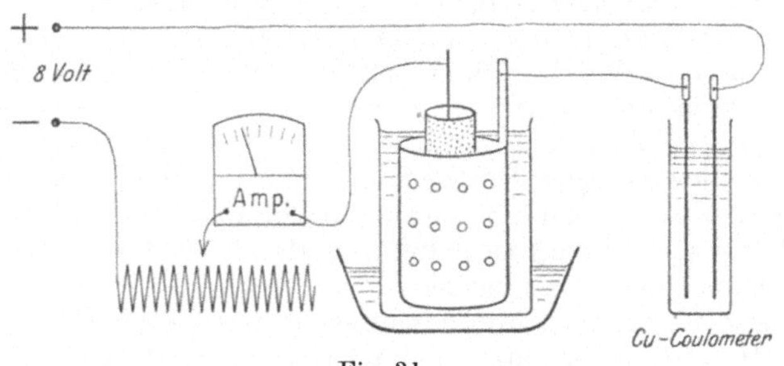

Fig. 31.

Zubehör. 8-Volt-Leitung. — Gasleitung. — 1 Ampèremeter bis 5 Amp. — 1 Widerstand bis 1,8 Ohm. — Pb-Kathode. — PbO_2-Anode Zylinder, durchlocht). — Diaphragma. — 1 Kupfercoulometer. — 1 Becherglas zu ca. 500 ccm . — 1 Wasserbad. — 1 Meßkolben zu 500 ccm. — Büretten mit Stativ. — 1 Becherglas (1 L). — 1 Pipette zu 5 ccm. — 5 Drähte. — $Cr_2(SO_4)_3$-Lösung (200 g $KCr(SO_4)_2$ + 12 H_2O; 150 ccm konz. H_2SO_4, gelöst zu 1 L). — Ferroammoniumsulfatlösung (30 g $FeSO_4$ + 7 H_2O, 30 ccm konz. H_2SO_4 im Liter). — $^1/_{10}$ m. Kaliumpermanganatlösung. — 1 Thermometer. — 1 Bechergals (1 Liter).

Ausführung. (Fig. 31.) Zum Versuche benutze man eine Lösung, die im Liter 130 g $Cr_2(SO_4)_3$ + 15 H_2O und 150 ccm konz. Schwefelsäure enthält; davon werden 500 ccm zum Versuche verwendet. Eine 200 ccm fassende, ca. 12 cm hohe Tonzelle wird mit dieser heißen Lösung gefüllt, und man wartet ab, bis sie davon durchtränkt ist. Dann setzt man sie in ein Becherglas von solcher Größe, daß der Zwischenraum ca. 300 ccm faßt; auch dieser wird mit der heißen Chromsulfatlösung gefüllt. Als Kathode wird in die Tonzelle ein Bleizylinder von 10 cm Höhe und 2 cm Durchmesser, also von 0,6 qdm äußerer Fläche eingesetzt. Die Anode besteht aus einem größeren, mehrfach durchlöcherten Bleizylinder, der 10 cm hoch ist und 10 cm Durchmesser hat; seine einseitige Oberfläche ist demnach 3 qdm. Im Stromkreis befindet sich ein Kupfercoulometer, das 3 Amp. verträgt, ein Ampèremeter bis 5 Amp. und ein Regulierwiderstand. Das mit der heißen Chromsulfatlösung gefüllte Elektrolysiergefäß wird auf ein Wasserbad gestellt und auf ca. 60° gehalten.

Man elektrolysiert nunmehr mit 3 Amp., die anodische Stromdichte beträgt also 1 Amp. pro qdm. Nach $1\frac{1}{2}$ Stunden unterbricht man und bestimmt die Gewichtszunahme des Kupfercoulometers.

Während des Versuches soll von halber zu halber Stunde eine Probe (5 ccm der Anodenflüssigkeit) herausgenommen und ihr Chromsäuregehalt analytisch ermittelt werden. Zu diesem Zweck hält man eine angesäuerte Ferrosulfatlösung vorrätig, die im Liter 30 g $FeSO_4 + 7\,H_2O$ und 30 ccm konz. Schwefelsäure enthält. Man bestimmt erst den Reduktionswert dieser Lösung, indem man 10 ccm von ihr mit $^1/_{10}$ n. Kaliumpermanganat titriert.

Wenn die erste halbe Stunde verflossen ist, entnimmt man dem Anodenraum 5 ccm und läßt sie zu 500 ccm dest. Wassers fließen. Diese starke Verdünnung ist notwendig, damit man beim Titrieren den Farbumschlag erkennen kann.

Zunächst gibt man nun aus einer Bürette Ferrosulfatlösung zu, bis die anfänglich durch ihren Chromsäuregehalt gelb- oder grünstichige Lösung blaugrün geworden ist. Man merkt sich nun die zugeflossene Menge Ferrosulfat und titriert jetzt den Überschuß des Ferrosulfats mit Permanganat zurück. Ist die Ferrosulfatlösung nicht zufällig $^1/_{10}$ n. , so berechnet man, wieviel Kubikzentimeter $^1/_{10}$ n. Ferrosulfatlösung man hätte zufließen lassen müssen, und zieht von diesen die verbrauchten $^1/_{10}$ n. $KMnO_4$ ab.

Daraus läßt sich nun berechnen, wieviel Chromsäure in der gesamten Anodenflüssigkeit nach $\frac{1}{2}$ Stunde vorhanden war, und aus dieser Zahl und der Stromstärke mal Zeit erfährt man die Stromausbeute in der ersten halben Stunde.

Dieselben Ermittlungen stellt man nach der zweiten und schließlich nach Schluß des Versuches nach der dritten halben Stunde an.

Am Schluß des Versuches erfährt man aus dem Kupfergewicht im Coulometer genau die durchgesandte Elektrizitätsmenge und aus ihm läßt sich berechnen, wieviel Chromsäure in der ganzen Zeit entstanden sein müßte, wenn die Stromausbeute 100 % wäre. Es müßte nämlich, wenn 1 Grammäquivalent, also 31,8 g Kupfer abgeschieden worden wären, so viel Chromsäure entstanden sein, daß sie imstande wäre, 1 L n. $FeSO_4$-Lösung bzw. 10 L $^1/_{10}$ n. $FeSO_4$-Lösung zu oxydieren.

34. Darstellung von Überschwefelsäure an einer Platinanode. Bedeutung der hohen Stromdichte und der Säurekonzentration.

Besprechung. Die Schwefelsäure ist eine zweibasische Säure. In konzentriertem Zustand leitet sie den elektrischen Strom so gut wie nicht, woraus man schließen muß, daß sie sehr wenig ionisiert ist. Verdünnt man die konzentrierte Schwefelsäure allmählich, so spaltet sie zunächst ein Wasserstoffion ab, und man hat deshalb in Lösungen vom spez. Gewicht 1,3 vorwiegend die Ionisierung nach der Gleichung:

$$H_2SO_4 = \overset{+}{H} + \overset{-}{HSO_4}.$$

Erst bei weiterer Verdünnung wird auch das zweite Wasserstoffion abgespalten (stufenweise Ionisierung).

Elektrolysiert man nun Schwefelsäure vom spez. Gew. 1,3, so werden an einer Platinanode vorwiegend HSO_4-Ionen entladen. Drängt man dieselben durch Anwendung höherer Stromdichten zusammen, so vereinigen sie sich, nachdem sie ihre Ladung abgegeben haben, paarweise zu Überschwefelsäure nach der Gleichung:

$$2\,HSO_4 = H_2S_2O_8.$$

Man sieht also, daß zur Darstellung von Überschwefelsäure eine Schwefelsäure von ganz bestimmtem spez. Gew. und eine hohe Stromdichte angewandt werden müssen. Hohe Temperatur ist möglichst zu vermeiden, weil sonst die entstandene Überschwefelsäure wieder zerfällt nach der Gleichung:

$$H_2S_2O_8 + H_2O = 2\,H_2SO_4 + O.$$

Aus diesem Grunde ist es zweckmäßig, bei möglichst niederer Temperatur zu elektrolysieren, denn in der Nähe der Anode wird infolge der hohen Stromdichte ziemlich viel Wärme entwickelt. Läßt man eine Lösung von Überschwefelsäure längere Zeit stehen, so bildet sich Carosche Säure nach der Gleichung:

$$H_2S_2O_8 + H_2O = H_2SO_5 + H_2SO_4.$$

Die Carosche Säure hydrolysiert sich dann noch weiter mit Wasser und bildet schließlich Wasserstoffperoxyd nach der Gleichung:

$$H_2SO_5 + H_2O = H_2SO_4 + H_2O_2.$$

Es ist deshalb nicht verwunderlich, daß man bei länger dauernder Elektrolyse neben der Überschwefelsäure auch Carosche Säure und Wasserstoffperoxyd nachweisen kann.

Für technische Zwecke wird nicht die freie Überschwefelsäure, sondern ihr Ammoniumsalz dargestellt, indem man konz. Lösungen von Ammoniumsulfat elektrolysiert. In der konz. Lösung von Ammoniumsulfat sind dann ebenfalls durch stufenweise Ionisation NH_4SO_4-Ionen vorhanden. Durch Zusammentreten zweier entladener NH_4SO_4-Ionen entsteht das Salz $(NH_4)_2S_2O_8$. Das Ammoniumpersulfat ist schwer löslich und scheidet sich während der Elektrolyse aus, sobald die Anodenflüssigkeit damit gesättigt ist.

Überkohlensaure Salze. In analoger Weise lassen sich durch hohe anodische Stromdichte durch Elektrolyse sehr kalter Kaliumkarbonatlösungen Perkarbonate herstellen, welche jedoch recht unbeständig sind. (Vgl. Constam und Hansen, Zeitschr. f. Elektr. **3**, 137 (1896).)

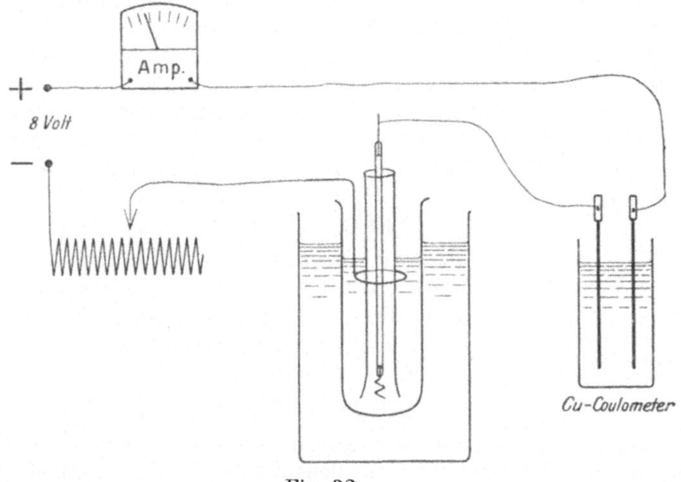

Fig. 32.

Zubehör. 8-Volt-Leitung. — 1 Elektrolysiergefäß mit Glasrohreinsatz, Platindrahtanode und Kupferkathode. — 1 Kühlgefäß, zylindrisch. — 1 Ampèremeter bis 2 Amp. — 1 Widerstand zu 1,8 Ohm. — 1 Kupfercoulometer. — 2 Büretten mit Stativ. — 1 Pipette zu 50 ccm und zu 5 ccm. — 1 Erlenmeyerkolben. — 1 Thermometer. — 1 Glasstab. — 5 Drähte. — Schwefelsäure vom spez. Gewicht 1,3. — $^1/_{10}$ n. Permanganatlösung. — ca. $^1/_{10}$ n. Ferrosulfatlösung (30 g $FeSO_4 + 7 H_2O$, 30 ccm konz. H_2SO_4 in 1 L Lösung).

Ausführung. (Fig. 32.) Zur Elektrolyse wird Schwefelsäure vom spez. Gew. 1,3 verwendet, und zwar 50 ccm davon. Sie befindet sich in einem reagensrohrartigen Gefäß von 20 cm Länge und 3 cm Durchmesser. Eine Platindrahtanode sitzt im unteren Teil des Gefäßes. Die Kathode aus Kupferdraht befindet sich ganz oben. Die von der Anode aufsteigenden Gasblasen (ozonhaltiger Sauerstoff) werden durch ein trichterartiges, die Anode umgebendes Rohr aus dem Elektrolyten herausgeleitet. Dadurch soll eine Vermischung der Anoden- und der Kathodenflüssigkeit verhindert werden, d. h. eine Reduktion der an der Anode entstandenen Überschwefelsäure an der Kathode.

Das Elektrolysiergefäß taucht in ein großes Gefäß, das mit kaltem Wasser gefüllt ist, ein, da eine Erwärmung der Schwefelsäure eine Verschlechterung der Ausbeute an Überschwefelsäure bedingt. (Will man hohe Stromausbeute haben, so wird man in dem äußeren Kühlgefäß Eiswasser oder eine Kältemischung anwenden.)

Zur Elektrolyse dient die 8-Volt-Leitung. In dem Stromkreis befinden sich ein Amperemeter bis 2 Amp., ein Regulierwiderstand und ein Kupfercoulometer. Die Stromstärke betrage 0,6 Amp. Nach $1\frac{1}{2}$ Stunden wird der Strom unterbrochen. Die 50 ccm Schwefelsäure werden zwecks Vermischung durchgeschüttelt. 5 ccm davon werden zur Titration herausgenommen und mit Wasser verdünnt.

Inzwischen ermittle man das Gewicht des niedergeschlagenen Kupfers und berechne sich aus diesem, wieviel Überschwefelsäure überhaupt gebildet worden sein kann, wenn die Stromausbeute 100 % beträgt.

Wenn $^1/_{10}$ Grammäquivalent Kupfer, also 3.18 g niedergeschlagen worden sind, dann kann theoretisch so viel Überschwefelsäure entstanden sein, daß sie imstande ist, 1 L $^1/_{10}$ n. Ferrosulfat zu oxydieren, der ja bekanntlich $^1/_{10}$ Grammäquivalent Ferrosulfat enthält. Aus der Proportion $3,18 : 1000 = x : y$ erfährt man die Anzahl Kubikzentimeter $^1/_{10}$ n. Ferrosulfat, welche die Gesamtmenge der Überschwefelsäure zu oxydieren vermag, wenn man für x die Anzahl Gramm Kupfer einsetzt, die im Coulometer abgeschieden worden sind.

Die theoretische Stromausbeute von 100 % wird nie erreicht, was man schon daraus sieht, daß sich an der Anode Sauerstoff entwickelt. Man führt nun die Titration so aus, daß man von einer Ferrosulfatlösung, die im Liter 30 g $FeSO_4 + 7\,H_2O$ und 30 ccm konz. Schwefelsäure enthält, zu den 5 ccm der elektrolysierten Schwefelsäure einen Überschuß gibt, so daß die Überschwefelsäure reduziert und Ferrosulfat zu Ferrisulfat oxydiert wird nach der Gleichung:

$$2\,FeSO_4 + H_2S_2O_8 = Fe_2(SO_4)_3 + H_2SO_4.$$

Nachdem man durch Titration von 10 ccm der Ferrosulfatlösung mit $^1/_{10}$ n. Kaliumpermanganat deren Titer erfahren hat, weiß man, wieviel Kubikzentimeter einer genau $^1/_{10}$ n. $FeSO_4$-Lösung 10 Kubikzentimetern der vorhandenen $FeSO_4$-Lösung entsprechen.

Da man aus dem Kupfergewicht nach obigem berechnen kann, wieviel ccm $^1/_{10}$ n. $FeSO_4$-Lösung im günstigsten Falle von 5 ccm der überschwefelsäurehaltigen Lösung oxydiert werden können, so weiß man die Höchstmenge von $FeSO_4$-Lösung, die man zu den 5 ccm überschwefelsäurehaltiger Schwefelsäure zusetzen muß, damit sicher alle Überschwefelsäure reduziert wird. Den Überschuß des Ferrosulfats titriert man mit $^1/_{10}$ n. Kaliumpermanganat zurück und weiß dann, wieviel die Ausbeute an Überschwefelsäure unter dem theoretischen Wert geblieben ist.

M. Organische Beispiele.

35. Darstellung von Jodoform aus Äthylalkohol. Anwendung eines Pergamentdiaphragmas.

Besprechung. Die elektrolytische Gewinnung von Jodoform beruht auf folgenden Vorgängen. Das Jodkalium des Elektrolyten liefert an der Anode (Platin) zunächst Jod, an der Kathode bildet sich Kalilauge und Wasserstoff durch Einwirkung des primär abgeschiedenen Kaliums auf das Wasser. Außer dem Jodkalium enthält der Elektrolyt noch Kaliumkarbonat oder Natriumkarbonat und Äthylalkohol. Infolgedessen trifft das an der Anode abgeschiedene Jod zusammen mit Kaliumkarbonat und dem an der Kathode entstehenden Kaliumhydroxyd und bildet damit Hypojodit und Jodwasserstoff bzw. also Kaliumhypojodit und Jodkalium. Das Hypojodit reagiert mit dem Alkohol und bildet unter gleichzeitiger Oxydation und Jodierung Jodoform, Kohlensäure und Jodwasserstoff. Der Jodwasserstoff wird unter Bildung von Jodkalium von dem Kaliumkarbonat aufgenommen, dafür entweicht Kohlensäure.

Wenn man das vorübergehende Auftreten von Hypojodit vernachlässigt, so stellt sich die Gesamtreaktion nach folgender Gleichung dar:

$$CH_3 . CH_2OH + 10 J + H_2O = CHJ_3 + CO_2 + 7 HJ.$$

Wenn an der Anode 10 Äquivalente Jod abgeschieden werden, werden gleichzeitig an der Kathode 10 Äquivalente Kalium entladen, also 10 Äquivalente Wasserstoff und 10 Äquivalente Kaliumhydroxyd gebildet. Davon werden 7 Äquivalente durch den Jodwasserstoff neutralisiert, zwei Äquivalente durch die Kohlensäure. Es bleibt also noch ein Äquivalent übrig, das durch Einleiten eines Kohlensäurestromes während der Elektrolyse neutralisiert werden muß; andernfalls würde der Elektrolyt allmählich immer mehr freies Kaliumhydroxyd erhalten und in der Hitze statt Hypojodit Kaliumjodat bilden. Letzteres wäre für die elektrolytische Regeneration verloren, während die sieben Äquivalente Jodkalium, die durch die Neutralisation des Jodwasserstoffes entstehen, immer wieder vom Strom zerlegt und zur Jodoformbildung nutzbar gemacht werden.

Die Reaktion des Jods bzw. des Hypojodits mit dem Alkohol geht keineswegs momentan vor sich, sondern erfordert sichtlich Zeit, während welcher das Jod und das Hypojodit infolge der Flüssigkeitsbewegung auch in die Nähe der Kathode kommen. Um die Reduktion dieser Körper durch den naszierenden Wasserstoff an der Kathode zu verhindern, wodurch die Stromausbeute sich sehr verschlechtern würde, umgibt man die Kathode mit einem Stück Pergamentpapier.

Als Anode kann verwendet werden Platin, Graphit oder Eisenoxyduloxyd (Magnetit); das Material der Kathode ist ziemlich gleichgültig, man wird natürlich ein Material nehmen, das bei der Wasserstoffentwicklung keine große Überspannung zeigt, um an Spannung, d. h. an elektrischer Energie zu sparen.

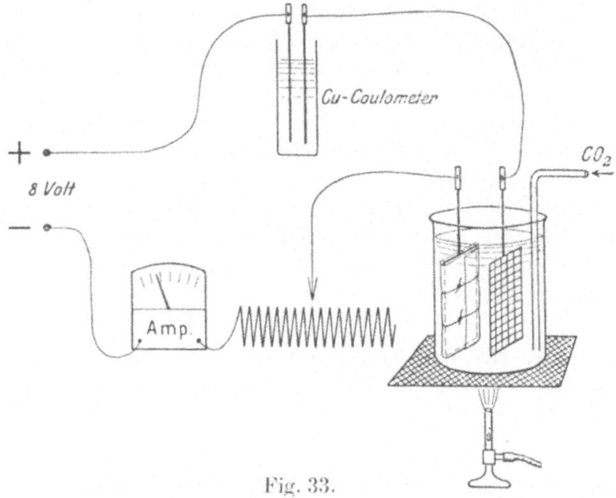

Fig. 33.

Zubehör. 8-Volt-Leitung. — Gasleitung. — 1 Ampèremeter bis 2 Amp. — 1 Widerstand zu 20 Ohm. — 1 Kupfercoulometer. — 1 Becherglas zu 200 ccm. — 1 Platindrahtnetzanode (wird ausgegeben). — 1 Nickelblechkathode (in Pergamentpapier eingewickelt). — 1 Thermometer. — Kippscher CO_2-Apparat mit Waschflasche mit Bikarbonatlösung und Einleiterohr. — Saugflasche mit Nutsche und Filtern. — 5 Drähte. — Jodoform-Elektrolyt (20 g Na_2CO_3 kalz.; 20 g KJ; 200 ccm H_2O; 50 ccm C_2H_5OH).

Ausführung. (Fig. 33.) Von einer Lösung, die im Liter 80 g Jodkalium, 80 g wasserfreie Soda und 200 ccm Alkohol enthält, werden 250 ccm in ein entsprechend großes Becherglas eingefüllt, so daß es zu $\frac{3}{4}$ gefüllt ist. Als Anode dient ein Platindrahtnetz von 4 cm Höhe und 6 cm Breite, als Kathode ein Nickelblech von derselben Größe. Das Nickelblech wird mit Pergamentpapier umhüllt und dieses mit Bindfaden festgebunden. Der Elektrolyt wird auf ca. 60° erwärmt, und aus einem Kippschen Apparat wird mit Bikarbonatlösung gewaschene Kohlensäure eingeleitet.

Im Stromkreis befinden sich ein Ampèremeter bis 2 Amp., ein Regulierwiderstand und ein Kupfercoulometer. Man elektrolysiere mit 0,75 Amp. so lange, bis 1,5 g Jodoform entstanden sind. Diese Zeit rechne man sich aus der Reaktionsgleichung aus.

1 Grammolekül Jodoform $= 394$ g erfordert nach obiger Reaktionsgleichung die Aufwendung von 10 mal 27 Amp.-Std., da 10 Grammatome Jod abgeschieden werden müssen.

Daraus läßt sich leicht die Anzahl Ampèrestunden ausrechnen, die nötig sind, um 1,5 g Jodoform zu bilden. Wenn man die Anzahl der Ampèrestunden kennt, kann man auch leicht die Zeit berechnen, die der Versuch dauern muß, wenn man nur mit 0,75 Amp. elektrolysieren soll.

Nach Ablauf der berechneten Zeit läßt man erkalten, filtriert das krist. Jodoform auf einer Nutsche ab und trocknet es im Exsikkator. Aus dem Kupfergewicht im Coulometer und dem Jodoformgewicht soll die Stromausbeute berechnet werden.

Das Filtrat, also der vom Jodoform befreite Elektrolyt, wird nicht weggegossen, sondern kann für weitere Jodoformdarstellungen verwendet werden.

36. Beispiel für die Reduktion leicht reduzierbarer Körper. Darstellung von Azobenzol aus Nitrobenzol an Nickeldrahtnetzkathoden in alkalischer Lösung. Geringe Überspannung am Nickel.

Besprechung. Nitrobenzol gehört zu der Klasse von Körpern, die sehr leicht reduziert werden können, sowohl in saurer Lösung zum Anilin, als in alkalischer Lösung zu Azobenzol und Hydrazobenzol. Aus diesem Grunde gelingt die elektrolytische Reduktion des Nitrobenzols in alkalischer Lösung schon mit Nickelkathoden (Nickeldrahtnetz), die nur eine ganz geringe Überspannung zeigen (vgl. Tabelle 8), während schwer reduzierbare Stoffe, wie z. B. die Kohlensäure, nur an Elektroden mit höherer Spannung reduziert werden können (vgl. nächstes Beispiel).

Der Elektrolyt besteht im Kathodenraum aus einer Natronlauge, welche, um das Nitrobenzol in Lösung zu bringen, mit Alkohol versetzt ist. Die Reduktion bis zum Azobenzol geschieht mit so guter Stromausbeute, daß man direkt die Zeit berechnen kann, bei der an der Kathode der Wasserstoff in Gasform auftreten muß, d. h. wenn kein Nitrobenzol mehr da ist. Man berechne die Anzahl Ampèrestunden, die zur Bildung von 1 Grammmolekül Azobenzol aus Nitrobenzol erforderlich sind. Die Reaktion geschieht nach der Gleichung:

$$2\,C_6H_5NO_2 + 8\,H = C_6H_5N{=}NC_6H_5 + 4\,H_2O.$$

Zur Abscheidung von 8 Äquivalenten Wasserstoff sind 8 mal 26,8 Amp.-Std. erforderlich.

Teilweise geht die Reaktion etwas weiter als bis zum Azobenzol, indem sich noch Wasserstoff anlagert nach der Gleichung:

$$C_6H_5N{=}NC_6H_5 + 2\,H = C_6H_5NH{-}HNC_6H_5.$$

Das unbeabsichtigt entstandene Hydrazobenzol läßt sich leicht durch Oxydation mit Hilfe von Luftsauerstoff wieder in Azobenzol zurückverwandeln.

Bei dieser Gelegenheit sei noch folgendes erwähnt: Während die Reduktion des Nitrobenzols in verdünnter Schwefelsäurelösung oder in salzsaurer Lösung zum Anilin führt, in alkalischer Lösung aber zum Azobenzol, verläuft die Reduktion in konzentrierter Schwefelsäure anders. Es entsteht erst Phenylhydroxylamin, das sich dann durch die Einwirkung der konzentrierten Schwefelsäure in das Sulfat des p-Amidophenols umlagert:

$$C_6H_5NO_2 + 4\,H = C_6H_5NHOH + H_2O = \text{p-}OH\,C_6H_4NH_2 + H_2O.$$

Zubehör. 8-Volt-Leitung. — Gasleitung. — Wasserleitung. — Vakuumleitung oder Wasserstrahlpumpe. — 1 Ampèremeter bis 10 Amp. — 1 Widerstand zu 1,8 Ohm. — 1 zylindrisches Gefäß aus Nickelblech (13 cm hoch, 7 cm Durchmesser) mit Klemme. — 1 hohe Tonzelle, 13 cm hoch, 5 cm weit. — 1 Rückflußkühler mit Korkstopfen. — 1 Nickeldrahtnetzkathode (10,5 cm hoch, 2,5 cm Durchmesser). — 1 Wasserbad. — 1 Saugflasche mit Nutsche und Filtern. — 1 Erlenmeyerkolben mit Gummistopfen und 2 Glasröhren. — 1 Cu-Coulometer. — Nitrobenzol. — 15proz. NaOH. — Alkohol. — 5 Drähte.

Ausführung. (Fig. 34.) Als Anode dient ein durch Hartlötung aus Nickelblech angefertigter Becher von 13 cm Höhe

und 7,5 cm Durchmesser. In ihn wird als Diaphragma eine Tonzelle eingesetzt und der Zwischenraum zwischen beiden mit
15 proz. NaOH gefüllt. Die Tonzelle wird zunächst etwas be-
schwert, damit sie nicht schwimmt; sie soll sich mit der gut
leitenden 15 proz. NaOH durchfeuchten. Nach dem Anwärmen
(auf einem Wasserbade) auf ca. 70⁰ wird in die Tonzelle die
wesentlich schlechter leitende Kathodenflüssigkeit eingefüllt

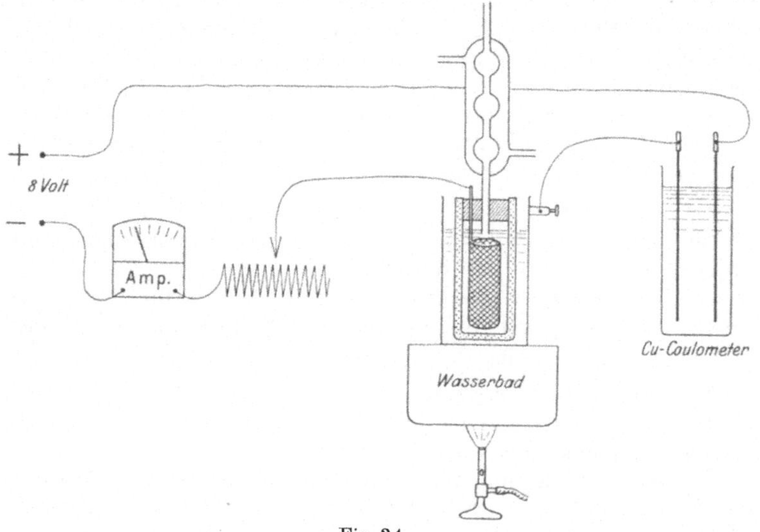

Fig. 34.

(10 ccm Nitrobenzol, 100 ccm Alkohol, 30 ccm 15 proz. NaOH,
20 ccm Wasser. Der Korkstopfen mit dem Rückflußkühler und
der an ihm befestigten Kathode aus Nickeldrahtnetz (10,5 cm
Höhe, 2,5 cm Durchmesser) wird auf die Tonzelle gesetzt. In
den Anodenraum kommt ein Thermometer, das ca. 70⁰ zeigen soll.

Wenn die Tonzelle vorher gut mit der 15 proz. NaOH durch-
feuchtet war, so kommt man sehr gut mit der 8-Volt-Leitung
des Laboratoriums aus. In den Stromkreis kommt ein Ampèremeter bis 25 Amp. und ein kleiner Regulierwiderstand von 1,8 Ohm,
der 6 Amp. Belastung verträgt, und ein Kupfercoulometer.

Die Stromstärke werde so gewählt, daß die Reduktion des
Nitrobenzols zu Azobenzol in zwei Stunden beendet ist. Nach
der Gleichung

$$2\,C_6H_5NO_2 + 8\,H = C_6H_5\,N{=}NC_6H_5 + 4\,H_2O$$

braucht man zur Reduktion von 2 Grammolekülen Nitrobenzol,

also von 246 g 8 . 26,8 = 215 Amp.-Std. 10 ccm Nitrobenzol

wiegen 12 g und erfordern demgemäß annähernd $\dfrac{8 \cdot 26,8}{20}$ =

10,7 Amp.-Std., sind demnach bei Anwendung von rund 6 Amp. in zwei Stunden zu Azobenzol reduziert.

Gegen Ende des Versuchs färbt sich die Kathodenflüssigkeit, was man bei ihrem gelegentlichen Hochsteigen in das Kühlrohr sehen kann, dunkelrot, und es setzt lebhafte Gasentwicklung ein (Wasserstoff).

Nach Beendigung des Versuches gießt man den heißen Inhalt der Tonzelle, welcher jetzt neben Azobenzol sehr wenig Azoxybenzol, etwas Hydrazobenzol und kein Nitrobenzol mehr enthält und auch nicht danach riechen soll, in einen Erlenmeyerkolben und saugt mit Hilfe eines Gummistopfens, der ein kurzes und ein langes Glasrohr trägt, eine halbe Stunde lang in der Wärme auf einem Wasserbade Luft hindurch, um das Hydrazobenzol zu Azobenzol zu oxydieren und den Alkohol zu vertreiben. Das in der Kälte auskristallisierende Azobenzol wird abgenutscht, das Filtrat mit Wasser verdünnt, um weiteres Azobenzol auszufällen, und dann wieder auf die Nutsche gegeben. Das Azobenzol wird nach dem Trocknen gewogen, und aus seinem Gewicht und dem Cu-Gewicht im Cu-Coulometer wird die Stromausbeute bestimmt.

Das Verhältnis des theoretisch aus 12 g Nitrobenzol erhältlichen zu dem wirklich gefundenen Azobenzol gibt die Materialausbeute.

37. Beispiel für schwer reduzierbare Körper. Reduktion der Kohlensäure zu Ameisensäure an Elektroden mit hoher Überspannung (Blei oder Zink). Präparierung solcher Elektroden.

Besprechung. Die Elektrolyse verdünnter Schwefelsäure erfordert bei sonst ganz gleichen Bedingungen eine verschiedene Spannung, je nach der Wahl des Elektrodenmaterials; insbesondere beobachtet man dies an der Kathode. Während z. B. die Zerlegung verdünnter Schwefelsäure mit platinierten Platinelektroden eine bestimmte Spannung erfordert, die durch die bekannte Zersetzungsspannung gegeben ist, werden größere Spannungen erforderlich, wenn man die Platinkathode durch Kathoden aus anderem Material ersetzt. Dieser Mehrbedarf an Spannung heißt die Überspannung. Vgl. Übungsbeispiel 9b und Tab. 8. Sie beträgt z. B. an Kupfer 0,23, an Blei 0,64, an Zink 0,70, an Quecksilber 0,78 Volt. Man ersieht, daß die Überspannung größer wird, wenn das Metall unedel wird: aber andererseits erkennt man wieder daran, daß sie am Blei und am Quecksilber besonders groß ist, die keineswegs die unedelsten Metalle der ganzen Reihe sind, daß noch andere Gründe für die Stellung in der Spannungsreihe für die Überspannung maßgebend sein müssen. Entsprechend dem Umstande, daß der Wasserstoff sich also in dem letzterwähnten Metall erst bei höherem Energieaufwand gasförmig entwickelt, gelingt es nun auch, an diesen Materialien intensivere Reduktionswirkungen zu erzielen bzw. Substanzen zu reduzieren, die sich an Metallen ohne große Überspannung schlecht oder gar nicht reduzieren lassen.

Die erwähnten Metalle mit größerer Überspannung verlieren aber sofort ihre Wirksamkeit, wenn ihre Oberfläche durch Metalle von geringerer Überspannung verunreinigt wird, z. B. wenn sich auf einer Bleikathode Spuren von Silber oder Platin befinden, da sich dann der Wasserstoff an den Verunreinigungen abscheidet. Aus diesem Grunde müssen derartige Kathoden vor der Verwendung zur Elektrolyse besonders präpariert werden.

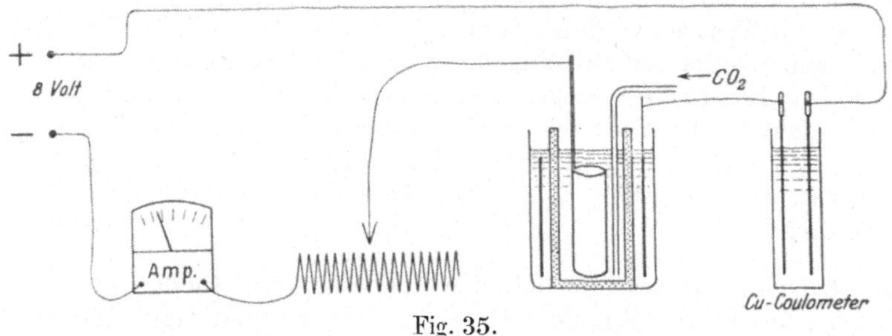

Fig. 35.

Zubehör. 8-Volt-Leitung. — Ampèremeter bis 3 Amp. — Regulierwiderstand 20 Ohm. — Runder Glastrog. — Tonzelle. — 1 großer und 1 kleinerer Bleizylinder. — 1 großer rechteckiger Glastrog und 1 Bleikathode dazu. — Kippscher Kohlensäure-Apparat. — Waschflasche mit Bikarbonatlösung. — Gaseinleitungsrohr. — Kupfercoulometer. — Wasserbad. — Erlenmeyerkolben. — Bürette. — Meßkolben 250 ccm. — Pipette zu 50 ccm. — 5 Leitungsdrähte. — Schwefelsäure (1,18 spez. Gewicht). — Gesättigte Kaliumsulfatlösung. — Kristallisierte Soda. — $^1/_{10}$ n. Permanganatlösung.

Ausführung. (Fig. 35.) a) Vorbereitung der Elektroden. Soll eine Bleikathode hohe Überspannung zeigen, so müssen aus ihrer Oberfläche alle Metalle mit geringer Überspannung sorgfältig entfernt werden. Dies gelingt am leichtesten, wenn man die Elektroden in einen größeren Glastrog in Schwefelsäure vom spez. Gew. 1,18 als Anoden verwendet gegenüber einer Bleiplatte, die als Kathode dient und nur zu diesem Zweck benutzt wird. Sowohl die spätere Anode als die spätere Kathode überziehen sich dabei mit Bleisuperoxyd (Stromdichte ca. 2 Amp. pro qdm), die schädlichen Metalle gehen in Lösung, zum Teil schlagen sie sich auch auf der Hilfskathode nieder. Nach einer halben Stunde nimmt man die nun braun gewordenen beiden Bleizylinder heraus, spült sie mit dest. Wasser ab und bewahrt sie bis zur Verwendung in mit Schwefelsäure angesäuertem dest. Wasser auf.

b) Den Versuch zur Reduktion der Kohlensäure an einer Kathode mit hoher Überspannung beginnt man nun in folgender Weise:

Man setzt den großen und den kleinen mit Bleisuperoxyd überzogenen Bleizylinder (Höhe der Zylinder 5,5 cm, Durchmesser des kleineren 2,5 cm, des größeren 6,5 cm) konzentrisch ineinander in ein Glasgefäß, füllt mit Akkumulatorensäure auf und elektrolysiert mit einer Stromdichte von 2 Amp. pro qdm, bezogen auf die äußere Fläche des kleineren Bleizylinders, etwa eine halbe Stunde lang, so daß der kleinere Bleizylinder Kathode wird und die hellgraue Farbe von Bleischwamm annimmt.

Inzwischen füllt man eine Tonzelle mit gesättigter Lösung von Kaliumsulfat und wartet, bis sie davon durchtränkt ist. Dann setzt man sie in ein zylindrisches Glasgefäß und füllt den Zwischenraum mit der gleichen Lösung. In die Tonzelle hinein kommt die präparierte Bleischwammkathode, außen hin die präparierte Anode. Man leitet nun in die Kaliumsulfatlösung der Tonzelle einen kräftigen Strom gewaschener Kohlensäure ein (Kippscher Apparat und Waschflasche mit Bikarbonatlösung) und elektrolysiert mit einer Stromdichte von ca. 1 Amp. pro qdm Kathodenfläche.

Bei dem Versuch ist größte Sauberkeit zu beachten; denn sonst vernichtet man durch Spuren von Fremdmetallen wieder die zur Reduktion der Kohlensäure nötige Überspannung an der Kathode. Aus diesem Grunde mußte außer der Kathode auch die Anode vorher präpariert werden; denn sonst wandern die Fremdmetalle der Anode allmählich auf die Kathode und verunreinigen sie, und aus demselben Grunde darf man kein Platin als Anode benutzen, weil es sich doch in Spuren löst und auf der Kathode dann niederschlägt.

Durch den naszierenden Wasserstoff wird die Kohlensäure reduziert nach der Gleichung:

$$CO_2 + 2\,H = HCOOH.$$

Man elektrolysiert etwa eine halbe Stunde lang, während sich im Stromkreis ein Kupfercoulometer, ein Ampèremeter und ein Regulierwiderstand befinden. Im Kathodenraum entsteht während der Elektrolyse neben ameisensaurem Kalium auch Kaliumbikarbonat, da ein Molekül Kohlendioxyd zur Reduktion zwei Atome Wasserstoff benötigt unter Bildung von einem Molekül der einbasischen Ameisensäure. Gleichzeitig mit den zwei Atomen Wasserstoff entstehen aber zwei Äquivalente Kaliumhydroxyd, wovon nur eines durch die Ameisensäure neutralisiert, das andere aber durch das CO_2 in Kaliumbikarbonat übergeführt wird.

Nach Schluß des Versuches wird das im Kupfercoulometer abgeschiedene Kupfer gewogen, und dann wird die ganze Kathodenflüssigkeit in einem Meßkolben auf 250 ccm oder eventl. auf 500 ccm verdünnt. Ein Fünftel der Menge wird mit $^1/_{10}$ n. Kaliumpermanganat nach vorherigem Zusatz von 1—2 g krist. Soda in der Wärme auf dem Wasserbade titriert. Die Titration verläuft nach der Gleichung:

$$2\,KMnO_4 + 3\,HCOOK = 2\,K_2CO_3 + KHCO_3 + H_2O + 2\,MnO_2.$$

Ein Molekül $KMnO_4$ gibt, da es bloß in Braunstein übergeht, wie man aus der Gleichung sieht, nur drei Äquivalente Sauerstoff ab. Die sonst $^1/_{10}$ n. Kaliumpermanganatlösung ist also hier gewissermaßen nur $\dfrac{6}{100} \cdot$ n.

Aus dem abgeschiedenen Kupfer und dem Verbrauch an Kaliumpermanganat berechne man die Stromausbeute.

N. Schmelzfluß-Elektrolyse.[1]

38. Darstellung von Natrium nach Davy. Ein Beispiel für die Elektrolyse geschmolzener Salze und die gleichzeitige thermische Wirkung des Stromes.

Besprechung. Ebenso wie die Lösungen der Salze in Wasser zeigen auch die geschmolzenen Salze die Eigenschaft, den elektrischen Strom zu leiten unter gleichzeitiger Abscheidung von Zersetzungsprodukten an den Elektroden; auch für sie gilt das Faradaysche Gesetz (siehe Nr. 1 und 2). Während eine wässerige Lösung von Natriumhydroxyd an einer Eisenanode Sauerstoff und an einer Eisenkathode primär Natrium sekundär aber Natronlauge und Wasserstoff bildet, erhält man bei der Elektrolyse

---

[1] Vgl. R. Lorenz: Elektrolyse geschmolzener Salze.

von wasserfreiem, geschmolzenem NaOH an der Anode zwar ebenfalls Sauerstoff, an der Kathode aber metallisches Natrium. Um eine gute Stromausbeute an metallischem Natrium zu erhalten, müssen verschiedene Bedingungen eingehalten werden. Zunächst muß die Temperatur der Schmelze möglichst niedrig sein, anderenfalls löst sich das metallische Natrium in dem geschmolzenen NaOH auf, je nach den Verhältnissen unter Bildung einer kolloidalen Metallauflösung bzw. unter Bildung von Metallnebeln. Oder es reagiert direkt mit dem geschmolzenen Ätznatron unter Bildung niedriger Oxyde. Das aufgelöste Natrium gelangt durch die Bewegung der Schmelze wieder in die Nähe der Anode und wird von dem dort auftretenden Sauerstoff oxydiert. Die Löslichkeit des Natriums in der Schmelze geht mit fallender Temperatur stark zurück — deshalb elektrolysiert man bei möglichst niederer Temperatur —, sie ist aber immer etwas vorhanden. Wenn man besonders gute Stromausbeuten haben will, kapselt man die Kathode mit Hilfe einer Kapsel aus gebranntem Magnesit ein (MgO wird von NaOH nicht angegriffen) und erreicht auf diese Weise, daß in der Nähe der Kathode sehr schnell die Schmelze mit metallischem Natrium gesättigt ist und bleibt; von diesem Augenblick ab scheidet sich dann das Natrium quantitativ als zusammenhängendes geschmolzenes Metall ab.

Natriumhydroxyd schmilzt bei sehr niedriger Temperatur; aber auch bei der Elektrolyse von Salzen, die erst bei höherer Temperatur schmelzen, bei denen die Reaktion zwischen den abgeschiedenen Metallen und der Schmelze schon sehr weitgehend ist, weiß man sich zu helfen. Man setzt dort z. B. zu Lithiumchlorid noch ein anderes Salz zu, z. B. Kaliumchlorid; das molekulare Gemenge dieser Salze hat einen Schmelzpunkt, der viel niedriger liegt als der Schmelzpunkt jedes einzelnen Bestandteiles (Gefrierpunktsdepression).

Ein zweiter Übelstand bei der Elektrolyse geschmolzener Salze ist meist die geringe Haltbarkeit der betreffenden Schmelztiegel, die der gleichzeitigen Einwirkung der Feuergase von außen und der Schmelze von innen ausgesetzt sind. Man hilft sich dadurch, daß man das Salz mit dem elektrischen Strom selber geschmolzen hält (durch die Joulesche Wärme) und geht gelegentlich sogar so weit, daß man die Wände des Schmelzgefäßes doppelwandig macht und von innen kühlt, damit die Schmelze an der Gefäßwand immer erstarrt bleibt und so die Gefäßwand weder angreifen noch durch sie auslaufen kann.

Diese Dinge werden ersichtlich, wenn man die Elektrolyse des Ätznatrons so ausführt, wie sie vor mehr als 100 Jahren

Davy ausgeführt hat. Er benutzte eine sogenannte Voltasche Säule von 200 Plattenpaaren (also von ca. 200 Volt, da jedes Kupfer-Zinkplatten-Paar (Daniell-Element) ca. 1 Volt Spannung besitzt). Er berührte mit zwei Eisendrähten, die mit den Polen seiner Säule verbunden waren, ein Stück Ätznatron. Zunächst leitet das feste und trockene Ätznatron den Strom nicht, haucht man es aber an (NaOH ist hygroskopisch) oder spritzt einige Tropfen Wasser auf die Oberfläche, so geht der Strom über, erhitzt die entstandene gesättigte NaOH-Lösung, verdampft das Wasser und schmilzt den Rückstand. Bald erscheint an der Kathode, an der sich erst Wasserstoff entwickelt, Natriummetall. Verwendet man ein flaches Stück festes Ätznatron zu den Versuchen, etwa 2 cm dick und von der Größe einer Postkarte, so schmilzt der Strom zwischen den beiden Stricknadeln, die als Elektroden dienen, sehr bald eine Rinne ein. Hier ist die Gefäßfrage auf das einfachste gelöst. Wenn das Stück genügend groß ist und auf einer kaltbleibenden Unterlage sich befindet, so bleibt immer nur eine Rinne auf der Oberfläche geschmolzen, der festgebliebene Teil des Ätznatronstückes bildet dann das Schmelzgefäß und die Schmelzwärme wird vom elektrischen Strom geliefert. Andererseits kann die Temperatur in der Schmelzrinne nie sehr hoch werden; denn sonst verbreitert sich die Schmelzrinne, indem unter Wärmeverbrauch noch mehr festes Ätznatron schmilzt, bis die Temperatur wieder auf den Schmelzpunkt gesunken ist. Das geschmolzene Ätznatron steht dauernd im Gleichgewicht mit festem Ätznatron und hat deshalb die niedrigste Temperatur, die es haben kann, nämlich die Schmelztemperatur.

Zubehör. 220-Volt-Leitung. — Schniewindwiderstand, zwischen 3 und 15 Amp. regulierbar. — 1 Ampèremeter bis 8 Amp. — 1 Voltmeter bis 240 Volt. — Natriumhydroxydplatten (gegen Feuchtigkeit geschützt aufzubewahren). — 2 Stricknadeln. — 2 Stative dazu. — 1 Schutzbrille. — 1 kleine Pulverflasche mit Petroleum, dazu ein passender Gummistopfen mit Tropftrichter und Gasentbindungsrohr. — 1 kleiner Löffel aus dünnem Eisenblech. — 1 flache Wanne mit Wasser und ein Eudiometer (geteilt). — 1 Kupfercoulometer. — 7 Drähte.

Ausführung. (Fig. 36.) Für die Darstellung des Natriums nach Davy wird eine Platte aus Natriumhydroxyd von 15 cm Länge, 10 cm Breite und 2 cm Dicke benutzt, auf die man etwa 5 cm voneinander entfernt zwei Stricknadeln als Elektroden aufsetzt. Als Stromquelle dient die 220-Volt-Leitung. Durch einen Schniewindschen Regulierwiderstand wird die Stromstärke auf ca. 3 Amp. gebracht; sie wird mit einem Ampèremeter gemessen und die Strommenge mit einem Kupfercoulometer gezählt. An die beiden Elektroden wird ein bis zu 220 Volt brauchbares

Voltmeter angelegt. Schließt man den Strom, so zeigt das Voltmeter die Leitungsspannung, nämlich 220 Volt, an, da durch das trockene Ätznatron zwischen den beiden Elektrodenspitzen zunächst kein Strom durchgeht. Haucht man das Ätznatron an oder befeuchtet es etwas, so geht Strom durch. Die Spannung sinkt schließlich auf ca. 40 Volt, und die Stromstärke steigt bis zu 3 Amp. Es schmilzt nämlich in wenigen Minuten durch die Joulesche Wärme in das Ätznatron eine Schmelzrinne sich ein, an deren einem Ende sich Sauerstoff entwickelt, während am anderen, an der Kathode, sich erst Wasserstoff und, nachdem alles Wasser verdampft ist, Natrium abscheidet.

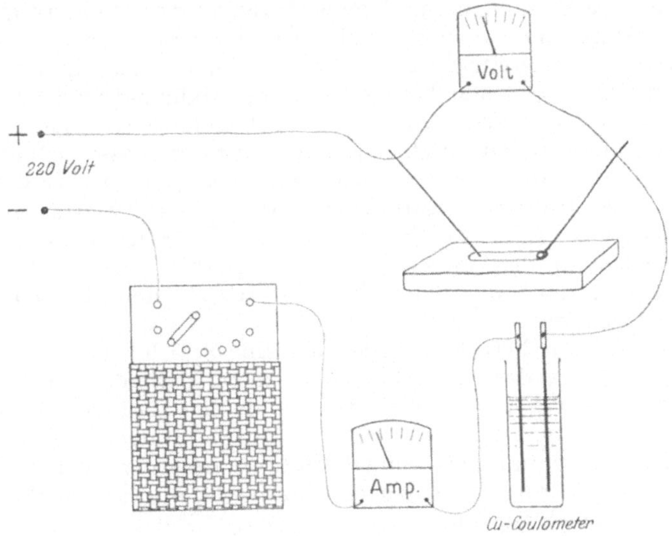

Fig. 36.

Man läßt den Versuch eine Viertelstunde gehen und schöpft mit einem dünnen Löffelchen, das man sich aus einem dünnen Stück Eisenblech ausgeschnitten hat, die Natriumkügelchen heraus und wirft sie in eine zur Hälfte mit Petroleum gefüllte kleine Pulverflasche. Das Löffelchen muß recht dünn sein, damit es keine große Wärmekapazität hat und nicht viel Wärme fortleiten kann, denn sonst erstarrt an ihm gleich beim Eintauchen eine größere Menge Schmelze, und ferner muß es immer erst etwas angewärmt werden, was man dadurch erreicht, daß man es vor der Benutzung immer in die Schmelze in der Nähe der Anode eintaucht.

Hat man fortwährend alles entstandene Natrium auf diese Weise während einer Viertelstunde in das Petroleum geschleudert, so bricht man den Versuch ab.

Zur Bestimmung der Ausbeute an Natrium verfährt man nun folgendermaßen:

Abwägen kann man es nicht gut, da es schwer von dem anhaftenden Ätznatron zu trennen ist; man würde sonst ein falsches, nämlich zu günstiges Bild erhalten. Deshalb bestimmt man die Wasserstoffmenge, die es entwickelt, und zwar geht dies gefahrlos und einfach in folgender Weise:

Auf die Pulverflasche, in der sich unter Petroleum das Natrium befindet, setzt man einen doppelt durchbohrten Gummistopfen auf. In der einen Bohrung sitzt ein Gasentbindungsrohr, in der anderen ein Tropftrichter mit Hahn. In das Kugelgefäß des Tropftrichters gibt man bei geschlossenem Hahn zunächst 20 ccm Wasser, dann bringt man das Gasentbindungsrohr unter die Öffnung eines in Wasser eingetauchten und mit Wasser gefüllten, umgestülpten Meßzylinders. Läßt man jetzt das Wasser durch Öffnen des Hahnes langsam und portionsweise zu dem unter Petroleum befindlichen Natrium fließen, so reagiert es sofort und lebhaft unter Wasserstoffentwicklung, aber ohne jede Feuererscheinung und dgl., und der Wasserstoff sammelt sich im Meßzylinder an.

Unter dem Petroleum bildet sich eine Schicht konz. Natronlauge, mit der das unter Petroleum fettig gewordene Natrium nur langsam reagiert. Selbst wenn man den Rest des Wassers zugegeben hat, verschwinden nicht alle Natriumkügelchen, sondern man muß noch einige Minuten schütteln, damit sich Lauge und Petroleum emulgieren; dann erst ist alles metallische Natrium verschwunden.

Hat man eine Viertelstunde mit 3 Amp. elektrolysiert, so erhält man z. B. auf diese Weise aus dem Natrium 155 ccm Wasserstoff. Da 11,2 L. Wasserstoff 23 g Natrium entsprechen, so entsprechen 155 ccm 0,3 g Natrium.

Aufgewendet wurde eine Viertelstunde lang eine Stromstärke von 3 Amp., d. i. 0,75 Amp.-Std.

27 Amp.-Std. liefern theoretisch 23 g Natrium. 0,75 Amp.-Std. liefern also $\dfrac{0,75 \cdot 23}{27} = 0,64$ g Natrium.

Es berechnen sich aus dem Wasserstoffvolumen 0,3 g, also beträgt die Stromausbeute an Natrium 47 %.

Die aufgewendete elektrische Energie beträgt, da die Klemmenspannung 40 Volt betrug, und die durchgegangene Elektrizitätsmenge 0,75 Amp.-Std. war, 30 Wattstunden und lieferte 0,3 g Natrium.

Infolgedessen würden mit 100 Wattstunden 1 g und mit 100 Kilowattstunden 1 Kilo Natrium erhalten. 100 Kilowattstunden kosten aber in der Technik annähernd 4 M.

In der Technik arbeitet man jedoch mit viel niedrigeren Spannungen als 40 Volt, kann deshalb das Na entsprechend billiger herstellen.

O. Elektrothermische Methoden[1]).

39. Beispiel für eine rein thermische Wirkung des Stromes. Darstellung von Kalziumkarbid aus Kalk und Kohle im Lichtbogen. Bestimmung der Ausbeute pro Kilowatt und der Güte des Kalziumkarbids durch Messung der Azetylenmenge.

Besprechung. In das Gebiet der Elektrochemie gehören auch Methoden, bei welchen der elektrische Strom keine elektrolytische, sondern nur thermische Wirkungen ausübt, bei welchen also die sogenannte Joulesche Wärme benutzt wird, und zu diesen Methoden kann, da die Stromrichtung keine Rolle spielt, sowohl Gleichstrom als auch Wechselstrom verwendet werden. An den Stellen des Stromkreises, an denen die Wärmeproduktion stattfinden soll, schaltet man also einen relativ großen Widerstand ein. Die Wärmeentwicklung an dieser Stelle ist proportional $i \cdot e$ oder, da $e = i \cdot w$ ist, $i^2 \cdot w$. Nun sind 4,2 Volt-Ampère-Sekunden = 4,2 Volt-Coulombs = 4,2 Watt-Sekunden = 1 cal., d. h. gleich der Wärmemenge, die nötig ist, um 1 g Wasser von 15^0 auf 16^0 zu erwärmen. Diese Wärmemenge wird demnach z. B. erzeugt in einer Sekunde von einem Strom von 4,2 Amp. auf einem Leiterstück, dessen Widerstand so bemessen ist, daß beim Durchgang eines Stromes von 4,2 Amp. eine Spannungsdifferenz von 1 Volt zwischen seinen Enden herrscht.

Man unterscheidet nun zwei prinzipiell verschiedene Methoden der elektrischen Erhitzung: erstens die Lichtbogenerhitzung und zweitens die Widerstandserhitzung; auch Kombinationen von beiden Arten kommen vor. Zunächst sei hier der Lichtbogen und die Lichtbogenerhitzung besprochen. Verwendet man an Luft Elektroden aus gutleitender Kohle (Retortenkohle oder Graphit), legt an sie eine Spannungsdifferenz von ca. 40 Volt an,

---

[1]) Vgl. Askenasy, Technische Elektrochemie, Bd. I: Elektrothermie.

bringt die Kohlenspitzen miteinander in Berührung und trennt sie dann wieder vorsichtig voneinander, so beobachtet man die Erscheinung des sogenannten Lichtbogens. Dieser kommt nach den jetzigen Anschauungen folgendermaßen zustande. Während die Elektroden sich berühren, fließt ein Strom von der einen zur andern über. Entfernen wir dieselben voneinander, so verschlechtern wir zunächst den Kontakt, d. h. wir vergrößern den Übergangswiderstand, und bevor die Elektroden völlig voneinander getrennt sind, haben sich ihre Enden erhitzt. Die glühend gewordene Stelle der negativen Elektrode sendet negative Elektronen aus, welche den Raum zwischen den beiden Kohlenspitzen leitend machen und so den Stromübergang durch die Luftschicht der inzwischen voneinander getrennten Elektroden ermöglichen. Die Elektronenabgabe der heißen negativen Elektrode ist dabei wesentlich; kühlt man sie nämlich durch Aufblasen von Luft ab, so verschwindet auch die Erscheinung des Lichtbogens, mit anderen Worten, die Spitze der negativen Elektrode muß unter allen Umständen heiß sein.

Wenn nun auch die Luft zwischen den beiden Kohlen oder vielmehr das Gemisch von Stickstoff und Kohlenoxyd, das durch die Verbrennung der Kohle entsteht, leitend ist, so ist diese leitende glühende Gasstrecke doch immerhin ein sehr schlechter Leiter. Von diesem Gesichtspunkt aus gesehen, stellt auch die sogenannte Lichtbogenerhitzung eine Art Widerstandserhitzung dar, und mit dieser Methode können leicht Temperaturen von 3—4000° erreicht werden.

Die gewöhnliche Art der Widerstandserhitzung wird beim nächsten Übungsbeispiel besprochen werden. Zunächst soll die Lichtbogenerhitzung zur Darstellung von Kalziumkarbid aus Kalk und Kohle verwendet werden. Bei höherer Temperatur reagieren Kalziumoxyd und Kohle nach der Gleichung:

$$CaO + 3\,C = CaC_2 + CO.$$

(Während diese Reaktion bei höherer Temperatur im obigen Sinne verläuft, kehrt sie sich bei niederer Temperatur um. Man kann z. B. bei 900° das Kohlenoxyd aus Wassergas (Darstellung nach der Gleichung: $H_2O + C = CO + H_2$) entfernen nach der Reaktion: $CaC_2 + CO = CaO + 3\,C$ und so also durch Überleiten von Wassergas über Karbid zu reinem Wasserstoff gelangen.)

Die Hauptverwendungszwecke des Kalziumkarbids werden durch folgende zwei Gleichungen erläutert:

bei Zimmertemperatur: $CaC_2 + 2\,H_2O = Ca(OH)_2 + C_2H_2$ (Bildung von Azetylen und Kalziumhydroxyd), bei ca. 900^0: $CaC_2 + N_2 = CNNCa + C$ (Bildung von Kalziumzyanamid (Düngemittel) und Abscheidung von Kohle).

Ebenso wie zur Darstellung von Kalziumkarbid findet die Lichtbogenerhitzung auch Anwendung zur Darstellung zahlreicher anderer Karbide und ferner für Ferrosilizium sowie zur Herstellung von geschmolzener Tonerde, welche unter dem Namen Alundum als Schleifmittel dient, während die größte Klasse von Produkten auf elektrothermischem Wege durch sogenannte direkte oder indirekte Widerstandserhitzung erhalten wird und daher im nächsten Abschnitt besprochen werden soll. Über andere Karbide siehe Moissan, Der elektrische Ofen.

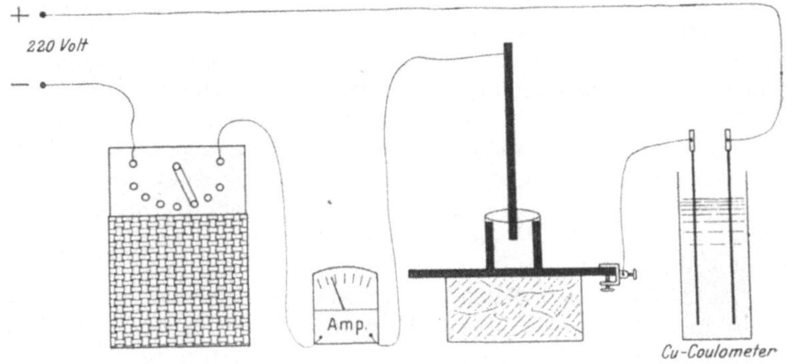

Fig. 37.

Zubehör. 220-Volt-Leitung. — Schniewindwiderstand, zwischen 3 und 15 Amp. regulierbar. — 1 Ampèremeter bis 8 Amp. — 1 Voltmeter bis 240 Volt. — 1 Kupfercoulometer (zur Aufnahme von 8 Amp.). — 1 Kohleplatte mit Klemme. — 1 kleiner Kohlezylinder (von Kohlerohr abgeschnitten). — 1 Kohlestab mit Klemme. — 1 Stativ dazu. — Pulverflasche mit doppeltdurchbohrtem Gummistopfen mit Tropftrichter und Gasentbindungsrohr. — 1 Glaswanne. — 1 Meßzylinder. — 1 Schutzbrille (dunkel). — 7 Drähte. — Kalziumoxyd und Kohle (40 % C + 60 % CaO).

Ausführung. (Fig. 37.) Zur Darstellung von Kalziumkarbid aus Kalziumoxyd und Kohle auf dem Wege der Lichtbogenerhitzung wird auf eine Kohleplatte von etwa 1 cm Stärke, etwa 10 cm Breite und 15 cm Länge, die auf einem Schamottestein aufliegt und gewissermaßen als Herd für den elektrischen Ofen dienen soll, ein Kohlezylinder aufgesetzt, der 3 cm äußeren Durchmesser, 3 cm Wandhöhe und ½ cm Wandstärke hat. Der Kohleplatte wird der Strom durch eine Klemme zugeführt, sie liefert den Tiegelboden. Senkrecht von oben wird, an einem Stativ verschiebbar und davon isoliert, ein mit einer Kontaktklemme versehener Kohlestift von etwa 20 cm Länge und 6 mm Dicke in den Kohletiegel eingeführt.

Als Stromquelle dient die 220-Volt-Leitung, zum Vorschalten ein Schniewindwiderstand, zwischen 3 und 15 Amp. regulierbar. Wenn der Lichtbogen brennt, soll eine Stromstärke von etwa 8 Amp. bei einem Spannungsverbrauch von 40—60 Volt im Lichtbogen herrschen. Die Stromstärke wird mit einem Ampèremeter und die Spannung zwischen der Kohleplatte und dem Kohlestift durch ein Voltmeter kontrolliert. Wenn der Lichtbogen in dem Kohlezylinder zwischen der Kohleplatte und dem Kohlestift brennt, dann wird mit einem Löffel ein feingepulvertes (einzeln pulverisieren und erst dann mischen, warum?) Gemisch von Kohle und Kalk (40 % Kohle und 60 % Kalziumoxyd) so langsam zugegeben, daß der Lichtbogen dadurch nicht erlischt. Allmählich schiebt man den Kohlestift höher, da die geschmolzene Masse den Strom leitet, indem man sich nach dem Voltmeter richtet. Letzteres soll stets mindestens 30 Volt zeigen, andernfalls brennt im Tiegel nicht mehr der Lichtbogen innerhalb der Masse, sondern es ist Kurzschluß entstanden. Den Stromverbrauch bestimmt man durch ein in den Stromkreis eingeschaltetes Kupfercoulometer.

Man läßt den Versuch ca. 20 Minuten dauern und klopft dann die entstandene Menge Karbid von der Kohleplatte ab, was keine Schwierigkeiten macht, da man den Kohlezylinder abheben kann. Die Menge des entstandenen Karbids ermittelt man aus der Menge des sich mit Wasser entwickelnden Azetylens:

$$CaC_2 + 2\,H_2O = Ca(OH)_2 + C_2H_2.$$

Es muß also aus 64 g Kalziumkarbid 1 Grammolekül Azetylen, d. s. 22,4 L entstehen.

In eine trockene Pulverflasche, die einen doppelt durchbohrten Gummistopfen mit einem Gasentbindungsrohr und einen Tropftrichter mit Hahn trägt, bringt man das entstandene Karbid, dem noch unverbrauchter Kalk und unverbrauchte Kohle anhaften, und führt die Mündung des Gasentbindungsrohres unter die Öffnung eines umgestülpten und mit Wasser gefüllten Meßzylinders. Läßt man jetzt aus dem Tropftrichter Wasser zu dem Karbid treten, so kann man in dem Meßzylinder die Menge des entwickelten Azetylens bestimmen, und von diesem auf die Ausbeute an Kalziumkarbid schließen.

Aus der so ermittelten Kalziumkarbidausbeute und der aufgewendeten elektrischen Energie (Spannung mal Ampère-Stundenzahl) berechne man die Stromkosten für 1 kg Kalziumkarbid bei einem Strompreis von 4 Pf. für die Kilowattstunde.

Bei diesem Versuche ist die Wirkung des Stromes eine rein thermische; es könnte daher ebensogut Wechselstrom angewendet werden.

40. Darstellung von geschmolzenem Quarz aus Seesand nach dem Prinzip der indirekten Widerstandserhitzung. Berechnung der Kosten pro Kilo geschmolzenen Quarzes.

Besprechung. Wie bei dem vorhergehenden Beispiel auseinandergesetzt, findet die elektrothermische Widerstandserhitzung, die durch Einschalten eines schlechten Leiterstückes oder mehrerer solcher in den Stromkreis zustande kommt, Anwendung zur Herstellung einer großen Zahl wissenschaftlich wichtiger und technisch wertvoller Produkte.

Leitet das zu erhitzende Material den elektrischen Strom so gut wie gar nicht, so benutzt man die Methode der indirekten Widerstandserhitzung, d. h. man erhitzt z. B. einen dünnen Kohlestab, der zwischen zwei dicken Kohlestäben eingeklemmt ist, und bettet um ihn herum das zu erhitzende, schlecht leitende Material, welches so indirekt erhitzt wird. Auf diese Weise läßt sich z. B. leicht reiner Sand (SiO_2) zu sogenanntem Quarzgut zusammenschmelzen, einem Material, das wegen seiner chemischen Widerstandsfähigkeit und seines geringen thermischen Ausdehnungskoeffizienten für viele Zwecke sehr wertvoll ist. Derartiges Material läßt sich dann nachher vor dem Knallgasgebläse zu durchsichtigem Quarzglas weiter verarbeiten.

Zu den Produkten, die auf dem Wege der indirekten Widerstandserhitzung hergestellt werden, gehört ferner der künstliche Graphit, das Siliziumkarbid (Karborundum, Schleifmittel), ferner werden Phosphor und Schwefelkohlenstoff mit elektrischer Widerstandserhitzung gewonnen.

Wenn das betreffende Material schlecht leitet, dann kann es direkt zwischen die Elektroden gesteckt und erhitzt werden.

Anders gestalten sich die Verhältnisse, wenn das zu erhitzende Material den elektrischen Strom gut leitet. Bei der Elektrostahl-Darstellung spielt das hohe Leitvermögen des zu erhitzenden geschmolzenen Eisens eine große Rolle und hat zu den verschiedenartigsten Ofenkonstruktionen geführt. Erwähnt sei hier nur ein besonderes Prinzip, das des sogen. Induktionsofens von Kjellin. Dort befindet sich das zu erhitzende, bereits geschmolzene Eisen in einer horizontal gelagerten, kreisförmigen Schmelzrinne, es bildet also eine in sich geschlossene Leitung von geschmolzenem Eisen. In der Achse dieser Ringleitung steht eine große Primärspule, die mit Wechselstrom gespeist wird, und von der aus in das ge-

schmolzene Eisen ein sekundärer Strom von niederer Spannung,
aber ganz großer Stromstärke induziert wird, welcher die Erhitzung des Eisens besorgt. Man braucht also hier keine Stromzuführung.

Zubehör. 220-Volt-Leitung. — Ein-Anker-Umformer. — 1 Ampèremeter bis 100 Amp. — 1 Voltmeter bis 15 Volt. — 2 dicke Eisenstäbe als
Elektroden. — Dünne Kohlenstifte, 6 cm lang, 6 mm dick. — 2 Stative
mit Muffen zum Einschrauben der Elektroden. — 3 Backsteine. — Seesand.
— 2 Drähte. — 3 Kabel für 60 Amp.

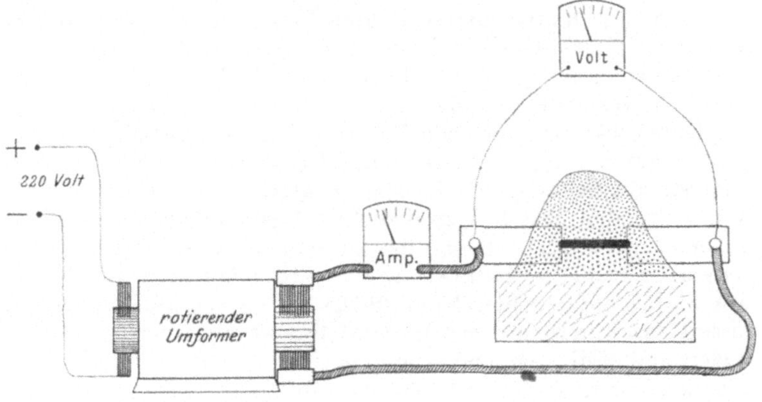

Fig. 38.

Ausführung. (Fig. 38.) Als Stromquelle wird hier nicht die
220-Volt-Leitung direkt benutzt, weil es bei der Widerstandserhitzung hauptsächlich auf hohe Stromstärke und nicht auf hohe
Spannung ankommt. Der Gleichstrom der 220-Volt-Leitung
wird mit einem rotierenden Umformer in der Weise umgeformt,
daß bei Aufwendung von 220 Volt und 3 Amp. ein nieder gespannter
Strom von 10 Volt und 60 Amp. erreicht wird. (Hat man Wechselstrom, so wird man einen Transformator anwenden.) Zwischen
zwei mit den dicken Kabeln, die die 60 Amp. zuleiten, verbundenen,
etwa 5 cm dicken, horizontal über einem Schamottestein gelagerten Eisenstäben wird als Heizstift ein etwa 6 cm langes
und 6 mm dickes Stäbchen aus Graphit möglichst gut anliegend
eingespannt.

Schickt man den Strom durch, so gerät nur der dünne Stift
ins Glühen. Man erreicht so leicht eine Temperatur von 2000°,
und wenn man nun den Stift in Quarzsand einbettet bzw. damit
überschichtet, so schmilzt in Kontakt mit dem weißglühenden
Stift der Quarzsand zusammen.

Nach etwa 20 Minuten ist um den Kohlestift herum eine Röhre aus gesintertem Quarzsand entstanden, also dem Material, das unter dem Namen „Quarzgut" in den Handel gebracht wird. Man muß nur darauf achten, daß der Strom nicht unterbrochen wird, was man an dem in den Stromkreis geschalteten, bis zu 100 Amp. zeigenden Ampèremeter erkennen kann. Zwischen den dicken Eisenstäben mißt man die Spannungsdifferenz und erfährt so aus Spannung und Stromstärke die Größe der aufgewendeten elektrischen Energie bzw. der Menge, wenn man die Zeit in Betracht zieht, die der Versuch gedauert hat.

Allmählich wird während des Versuches das Kohlestäbchen im Innern der entstandenen Quarzröhre immer dünner, weil es etwas verbrennt, so daß man nach Abschluß des Versuches den Kohlestift aus dem entstandenen Quarzrohr herausstoßen kann.

Für 600 Watt während 20 Minuten = 200 Wattstunden wird z. B. ein Schmelzstück erhalten, das in abgeschliffenem Zustand 20 g wiegt.

Für eine Kilowattstunde würde man also 100 g, für 10 Kilowattstunden oder 40 Pf. ein Kilo Schmelzgut machen können; wenn die Kilowattstunde 4 Pf. kostet.

P. Gasentladungen.

41. Darstellung von Ozon durch stille elektrische Durchladung von Luft. Bestimmung der Ausbeuten pro Kilowattstunde und Ermittlung der Volumprozente Ozon.

Besprechung. Unter stiller elektrischer Entladung versteht man diejenige Art der elektrischen Entladung durch einen Gasraum, die im Gegensatz zu der knatternden Funkenentladung sich relativ ruhig vollzieht. Sie kommt z. B. zustande, wenn man zwischen einer Platte und einer Spitze, die in einem Abstand von etwa 1 cm voneinander stehen, eine Spannungsdifferenz von mehreren tausend Volt anlegt, wobei die Spitze das negative Potential erhalten soll. Man erkennt dann, insbesondere im Dunkeln, daß von der negativen Spitze eine bläuliche Entladung ausgeht, die den Sauerstoff der Luft, wie man am Geruch merkt, teilweise in Ozon verwandelt. Die Fähigkeit, diese büschelartige Entladung zu liefern, die für die Ozonisierung sehr wesentlich ist, geht einer derartigen Spitze, vermutlich durch Veränderung der Oberfläche, mit der Zeit verloren und es setzt alsdann die Funkenentladung ein, die für die Ozonisierung sehr viel ungünstiger ist.

                                            8

Was die Ozonisierung herbeiführt, ob es die von der negativen Elektrode abfliegenden Elektronen bzw. deren Stoß auf die Gasmoleküle ist, oder ob dabei auch ultraviolette Strahlung wesentlich ist, ist vorerst noch unsicher; jedenfalls aber ist es ein Vorgang, bei dem vom Sauerstoff Energie verschluckt wird nach der Gleichung:

$$3\,O_2 + 68\,200\ \text{cal.} = 2\,O_3.$$

Technisch zuverlässiger als die oben erwähnte Spitzenentladung ist die Entladung in dem sogen. Ozonrohr. Die ersten Ozonröhren wurden von W. v. Siemens angegeben und bestanden ursprünglich aus zwei konaxialen Glasröhren, die zwischen sich den Entladungsraum einschlossen. Die elektrische Energie wurde durch die Belegung der inneren Wand der inneren Röhre und der äußeren Wand der äußeren Röhre zugeführt. Diese Belegungen können aus Stanniol oder auch aus leitend gemachtem, z. B. angesäuertem Wasser bestehen. Vom elektrischen Standpunkt aus ist das Ozonrohr während der Durchladung, also während das Gas im Durchladungsraum leitend ist, ein System von zwei hintereinandergeschalteten Kondensatoren. Der Strom hat dann folgenden Weg zu nehmen: äußerste Belegung, Glas (Dielektrikum), leitendes Gas, zweite Glaswand, innerste Belegung. Um den Strom durch diese beiden hintereinandergeschalteten Kondensatoren zu treiben, muß natürlich Wechselstrom angewendet werden, der entweder einem Induktorium entnommen oder durch Transformation von niedergespanntem Wechselstrom gewonnen wird.

Den Stromdurchgang durch den bereits leitenden Entladungsraum kann man sich in folgender Weise denken: Wenn die äußere Belegung durch den Wechselstrom eine positive und die innerste Belegung des doppelwandigen Ozonrohres eine negative Aufladung erhält, so werden in dem Gasraum die geladenen Gasionen in Bewegung gesetzt, und zwar fliegen die negativ geladenen an die Glaswand, die außen positive Ladung hat, und die positiv geladenen fliegen an die Glaswand, die außen negative Ladung besitzt. Auf dem Wege dahin stoßen sie mit ungeladenen Sauerstoffmolekülen zusammen und erzeugen so Ozon. Kehrt der Wechselstrom seine Richtung um, so fliegen die geladenen Gasteilchen durch den Entladungsraum nach der gegenüberliegenden Wand, stoßen wieder mit neutralen Sauerstoffmolekülen zusammen usw.

Erwähnt sei hierbei, daß, wenn man zur Erzeugung von Ozon an Stelle von Sauerstoff Luft benutzt, daß dann, wenn der Maximalwert an Ozon erreicht ist (es wird nie aller Sauerstoff in Ozon verwandelt, bei Zimmertemperatur zwischen 5 und 10 %, bei tieferer Temperatur mehr, bei höherer weniger), der Stickstoff angegriffen wird unter Bildung von NO bzw. NO_2 und N_2O_5.

Außer den Ozonröhren aus Glas mit verschiedenartiger Belegung werden auch Ozonröhren hergestellt, bei denen die eine oder manchmal auch beide Röhren aus Aluminium bestehen. In letzterem Falle muß aber durch Vorlegung einer dünnen Schicht eines Dielektrikums das Einsetzen der Funkenentladung vermieden werden.

Man erreicht in der Technik zwischen 18—36 g Ozon pro Kilowattstunde. Die quantitative Bestimmung des Ozons ist sehr einfach: man läßt das Ozon auf neutrale Jodkalilösung einwirken; es wird dabei Jod ausgeschieden nach der Gleichung:

$$O_3 + 2\,KJ + H_2O = O_2 + 2\,J + 2\,KOH.$$

Da das entstehende KOH einen Teil des Jods unter Bildung von Hypojodit verbraucht, so wird erst nach dem Ansäuern verdünnter Schwefelsäure mit $^1/_{10}$ n. Thiosulfat titriert.

Das Ozon findet technisch Verwendung zur Sterilisation von Trinkwasser und von Luft, ferner zum Bleichen und wird auch in der chemischen Industrie als Oxydationsmittel, z. B. zur Herstellung mit von Vanillin aus Isoeugenol, verwendet.

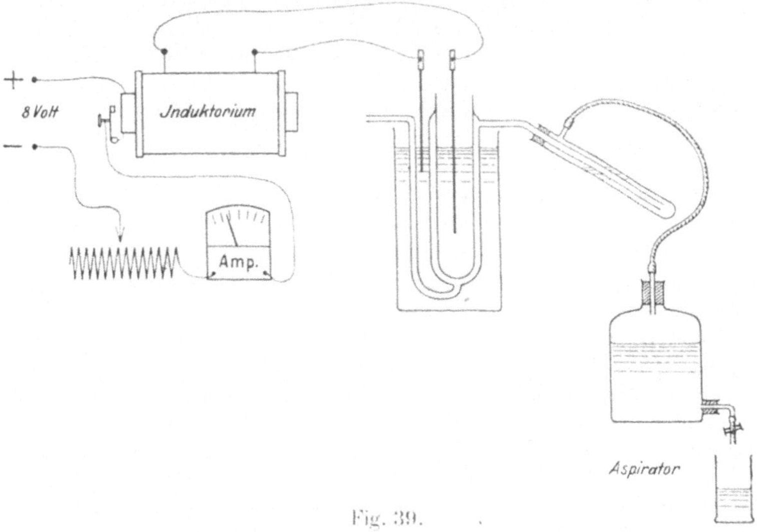

Fig. 39.

Zubehör. 8-Volt-Leitung. — 1 Ampèremeter bis 5 Amp. — 1 Regulierwiderstand 1,8 Ohm. — 1 Induktorium. — 1 Ozonröhre nach Siemens (in Kühlwasser) mit angeschmolzener Kapillare. — 1 kleine Absorptions-

röhre mit seitl. Ansatz. — 1 Aspirator. — 1 Meßzylinder bis 250 ccm. —
1 Bürette. — 2,5 proz. Kaliumjodidlösung. — $^1/_{10}$ n. $Na_2S_2O_3$-Lösung. — Verdünnte Schwefelsäure. — 2 blanke Cu-Drähte. — 6 gew. Drähte.

Ausführung. (Fig. 39.) Die Darstellung von Ozon durch
stille elektrische Entladung wird mit Hilfe des hochgespannten
Wechselstromes eines kleinen Induktoriums (Automobilzünd-
spule) ausgeführt. Die Spule wird mit der 8-Volt-Leitung gespeist,
und zwar beträgt die mittlere primäre Stromstärke ca. 2 Amp.

Eine Siemenssche Ozonröhre mit verdünnter Schwefelsäure
sowohl als innerer wie als äußerer Belegung ist an der Austrittsstelle
direkt mit einer nach abwärts gerichteten Kapillaren verschmolzen,
über welche ein mit seitlichem Ansatz versehenes, reagenzrohr-
artiges Glasrohr mittels eines Gummistopfens aufgesetzt wird.
Dieses Glasrohr wird zur Hälfte mit einer 2,5 proz. wässerigen
Jodkaliumlösung gefüllt, aus welcher das Ozon Jod ausscheidet.

Nach Schluß des Versuches muß die Lösung vor dem Titrieren
mit $^1/_{10}$ n. Thiosulfat mit verdünnter Schwefelsäure angesäuert
werden.

Das seitliche Ansatzstück des Absorptionsrohres wird durch
einen gut sitzenden Gummischlauch mit einer Aspiratorflasche
verbunden, aus der man während des Versuches das Wasser langsam in einen untergestellten Meßzylinder tropfen läßt, derart,
daß in einer Stunde etwa 120 ccm Wasser ausfließen. Dementsprechend werden 120 ccm ozonhaltige Luft durch die Jodkaliumlösung in dieser Zeit durchgesaugt und scheiden darin Jod aus.

Damit man gleich von vornherein ozonhaltige Luft durch
den Absorptionsapparat durchsaugt, ist es zweckmäßig, vor
Beginn des Versuches die Siemenssche Röhre bereits 5 Minuten
zu durchladen und dann erst den Aspirator austropfen zu lassen.

Nach Ablauf einer Stunde bestimmt man die Menge des
ausgetropften Wassers, gibt die inzwischen gelbbraun gewordene
Jodkaliumlösung in ein Becherglas, säuert sie mit einigen Kubikzentimetern verdünnter Schwefelsäure an und titriert nun mit
$^1/_{10}$ n. Thiosulfat bis zur Farblosigkeit.

Beim Stehen wird die entfärbte Lösung bald wieder gelb;
dies rührt daher, daß beim Ozonisieren der Luft gleichzeitig
nitrose Gase entstehen, die ebenfalls Jod ausscheiden. Dabei
werden sie zu NO reduziert, welches aus der Luft wieder Sauerstoff
aufnimmt, in NO_2 übergeht und von neuem Jod ausscheidet
und NO bildet. Die Menge der nitrosen Gase ist zwar sehr gering,
aber durch ihre sauerstoffübertragende Wirkung vermögen sie
allmählich größere Mengen Jod auszuscheiden. Wenn man schnell
titriert, ist der durch sie verursachte Fehler unbeträchtlich.

Würde man zum Titrieren 10 ccm $^1/_{10}$ n. Thiosulfat brauchen, so entspräche dies der Ausscheidung von $^1/_{1000}$ Grammäquivalent Jod und damit einer Ozonmenge von 11,2 ccm, da $^1/_{1000}$ Grammmolekül Ozon ein Volumen von 22,4 ccm einnimmt und $^2/_{1000}$ Grammäquivalente Jod ausscheidet. Hat man 120 ccm Luft ozonisiert und 1,4 ccm $^1/_{10}$ n. Thiosulfat zur Titration des ausgeschiedenen Jods gebraucht, so entspricht dies einem Volumen von ca. 1,6 ccm Ozon in einem Gesamtgasvolumen von 120 ccm, also einem Gehalt von etwa 1,5 Volumprozent Ozon. Beachtet man, daß die Luft nur 20 % Sauerstoff enthält, so sind dann 5 mal 1,5 = 7,5 Volumprozent ihres Sauerstoffgehaltes ozonisiert worden.

42. Darstellung von NO im Lichtbogen aus Luft und Absorption der nitrosen Gase. Berechnung des Energieaufwandes für ein Kilo Salpetersäure.

Besprechung. Beim Erhitzen von Luft bei höherer Temperatur bzw. im elektrischen Flammenbogen vereinigt sich unter Energieaufnahme Stickstoff mit Sauerstoff zu Stickoxyd nach der Gleichung:

$$N_2 + O_2 + 43\,200 \text{ cal.} = 2\,NO.$$

Die Entstehung im Flammenbogen, die praktisch allein in Frage kommt, ist natürlich nicht rein thermischer Natur, sondern es kommen hier noch elektrische Ursachen dazu, ähnlich wie bei der Bildung von Ozon im Entladungsrohr. Die Bildung von NO aus der Luft ist ein endothermer Vorgang: er verschluckt Wärme, und die entstehenden Konzentrationen an NO sind umso höher, je höher die Temperatur ist. Notwendig ist es, das entstandene NO schnell abzukühlen, wenigstens schnell von einer Temperatur von 3000° auf 1000° zu bringen, denn bei 1000° ist die Zerfallsgeschwindigkeit des NO nicht mehr groß. Beim Abkühlen vereinigt es sich mit Sauerstoff unter Bildung von N_2O_3, als welches es, wenn man die 300° heißen Gase in heiße Kalilauge leitet, unter Bildung von reinem Nitrit absorbiert wird.

Läßt man sich die Gase bis auf Zimmertemperatur abkühlen, so wird aus dem NO schließlich NO_2, und letzteres wird von Wasser absorbiert nach der Gleichung:

$$2\,NO_2 + H_2O = HNO_3 + HNO_2.$$

Wenn die Säure konzentrierter wird, zerfällt HNO_2 nach der Gleichung:

$$3\,HNO_2 = HNO_3 + 2\,NO + H_2O.$$

Das Stickoxyd nimmt aus der Luft wieder Sauerstoff auf und bildet wieder absorbierbares NO_2.

In der Praxis erhält man ca. 70 g HNO_3 für die aufgewendete Kilowattstunde. Die hauptsächlich angewendeten Methoden sind das Verfahren von Birkeland und Eyde und das der Badischen Anilin- und Sodafabrik. Von den ersteren werden die Wechselstromlichtbogen (ca. 5000 Volt) mit Hilfe von Elektromagneten zu Lichtbogenscheiben geformt, während das Verfahren der Badischen Anilin- und Soda-Fabrik durch eine wirbelnde Gasbewegung in röhrenförmigen Apparaten sehr lange Lichtbogen erzeugt. In beiden Fällen versucht man große Energiemengen in kleinem Raume umzusetzen und das entstandene NO möglichst schnell wieder aus dem Lichtbogen herauszubringen. Während man in diesen Öfen 5—6 Volumprozent NO erzielen könnte, begnügt man sich mit 2—3 Volumprozent, weil man so rationeller arbeitet.

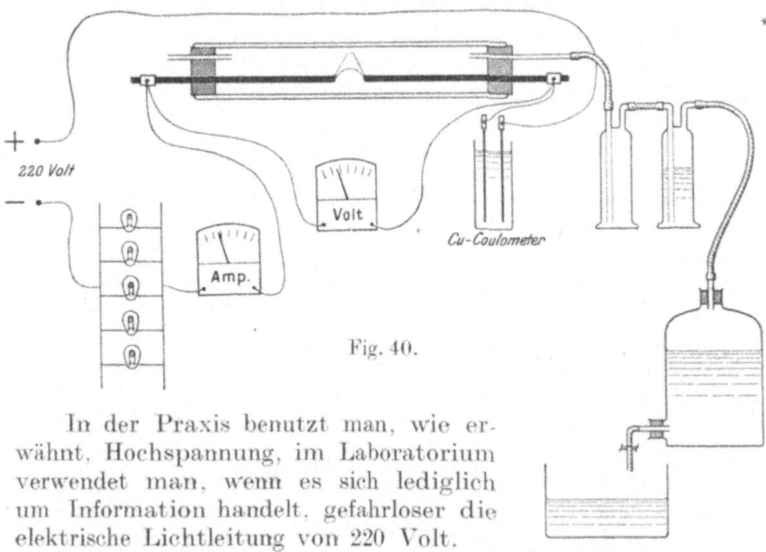

Fig. 40.

In der Praxis benutzt man, wie erwähnt, Hochspannung, im Laboratorium verwendet man, wenn es sich lediglich um Information handelt, gefahrloser die elektrische Lichtleitung von 220 Volt.

Zubehör. 220-Volt-Leitung. — 1 Glühlampenwiderstand. — 1 Ampèremeter bis 5 Amp. — 1 Voltmeter bis 250 Volt. — 1 Kupfercoulometer (groß). — 1 Quarzrohr mit zwei Gummistopfen und Eisenelektroden. — 2 Klemmen. — 1 Aspirator (geeicht). — 2 Waschflaschen und 1 Rohr mit Watte. — 2 Büretten. — 1 großes Becherglas. — $^1/_{10}$ n. KOH. — $^1/_{10}$ n. $KMnO_4$. — Phenolphthalein. — H_2SO_4 konz. — 7 Drähte.

Ausführung. (Fig. 40.) Der Strom wird der 220-Volt-Leitung entnommen, und zwar wird er durch einen Glühlampenwiderstand auf etwa 3 Amp. reguliert. In dem Stromkreis befindet sich ein dickwandiges, aus gewöhnlichem Quarzgut gefertigtes Rohr von etwa 25 cm Länge und einem Durchmesser von etwa $3\frac{1}{2}$ cm; an jedem Ende befindet sich ein Gummistopfen mit zwei Durchbohrungen. Jeder trägt eine etwa bleistiftdicke Eisenelektrode und ein Glasrohr zum Zuführen der Luft bzw. zum Abführen der nitrosen Gase. Die entstehenden Gase werden durch ein Wattefilter, durch eine leere Waschflasche (damit man ihre Farbe sehen kann) und durch eine mit 70 ccm dest. Wasser gefüllte zweite Waschflasche mit Hilfe eines Aspirators gesaugt. Das Wattefilter hat den Zweck, verdampftes Eisenoxyd zurückzuhalten; sollte solches trotzdem in die Waschflasche geraten, so filtriert man die entstandene Säure zweckmäßigerweise vor der Titration.

Im Stromkreis befinden sich außer den Elektroden und dem Quarzrohr noch ein Kupfercoulometer und ein Ampèremeter bis zu 5 Amp. Ein bis 240 Volt zeigendes Voltmeter wird an die Elektroden angelegt. Die Angaben des Volt- und Ampèremeters ergeben miteinander multipliziert die Anzahl der aufgewendeten Watt; das Produkt der Watt mit der Zeit in Stunden ausgedrückt gibt die Anzahl der Wattstunden. Die Verwendung des Coulometers als Elektrizitätszähler ist zweckmäßig, weil man mit häufigen Unterbrechungen des Lichtbogens und Schwankungen der Stromstärke rechnen muß.

Der Versuch wird in der Weise begonnen, daß man die Eisenelektroden durch Gegeneinanderdrücken erst in Kontakt bringt, was die elastischen Gummistopfen gestatten, und sie dann wieder voneinander entfernt. Die Stromstärke des Lichtbogens betrage ungefähr 3 Amp. Am Voltmeter liest man eine Spannung von ca. 40 Volt ab. Man läßt nun das Wasser aus dem Aspirator in dünnem Strahl auslaufen mit solcher Geschwindigkeit, daß in der Stunde ca. 3 L., in der Minute also ca. 50 ccm auslaufen.

Nach einer Stunde wird der Versuch abgebrochen und die Absorptionsflüssigkeit in ein Becherglas zum Titrieren übergespült. Man wäscht aber auch die sogenannte leere Waschflasche durch Zugeben von destilliertem Wasser und Umschütteln aus, da auch in ihr noch nitrose Gase sich befinden, und gibt dieses Waschwasser zu der Absorptionsflüssigkeit.

Unter Zusatz eines Tropfens Phenolphthalein wird nun die entstandene Säure mit $^{1}/_{10}$ n. Kalilauge titriert. Wenn man dazu z. B. ca. 25 ccm $^{1}/_{10}$ n. KOH gebraucht hat, so ist die Lösung neutral. Man säuert sie nun mit ca. 1 ccm konz. Schwefelsäure wieder an und titriert mit Kaliumpermanganat die salpetrige Säure. Denn die Absorption von NO_2 durch Wasser erfolgt nach der Gleichung:

$$2\,NO_2 + H_2O = HNO_3 + HNO_2.$$

Da man aber während der Absorption immer noch überschüssigen Sauerstoff mit durchgesaugt hat, so wird ein Teil der salpetrigen Säure bzw. des aus ihr entstehenden Gemisches von $NO + NO_2$ immer wieder oxydiert und absorbiert, so daß die gefundene salpetrige Säure nicht genau die Häfte der Gesamtsäure darstellt.

Hätte man 10 L. $^1/_{10}$ n. KOH zur Titration verbraucht, so entspräche dies einem Grammäquivalent Säure, in diesem Falle also einem Grammolekül. Dieses Grammolekül entspricht auch 1 Grammolekül NO_2, also einem Volumen von 22,4 L. NO_2.

Hat man nur 10 ccm $^1/_{10}$ n. KOH verbraucht, so entspricht dies einem Volumen von 22,4 ccm NO_2; hat man 25 ccm verbraucht, so entspricht dies 56 ccm NO_2. Wurden 3 L. Luft durch den Flammenbogen gesaugt, entsprechend den 3 L. Wasser, die aus dem Aspirator ausgeflossen sind, so ist also ein Gas entstanden, welches nachher in 3000 ccm Gesamtgas 56 ccm NO_2 enthält, also ca. 1,9 Volumprozent NO_2.

Hierbei ist zu beachten, daß weder die verwendete Form des Lichtbogens die geeignetste noch die Absorption eine quantitative, und daß auch bei der Berechnung unterlassen worden ist, das durchgesaugte Gasvolumen auf 0^0 und 760 mm Druck umzurechnen, während das aus der Titration berechnete Volumen des NO_2 für 0^0 und 760 mm Druck gilt. Durch alle diese Berücksichtigungen fände man deshalb eine sehr viel bessere Ausbeute.

Um die Menge HNO_3 für die aufgewendeten Kilowattstunden zu berechnen, verfährt man in folgender Weise:

Aus dem Gewicht des im Coulometer niedergeschlagenen Kupfers erfährt man die Elektrizitätsmenge, denn 32 g Kupfer entsprechen 27 Amp.-Std. Multipliziert man mit den erhaltenen Amp.-Std. die an den Elektroden abgelesene Spannung, so hat man die Anzahl Wattstunden.

Hätte man zur Titration 10 L $^1/_{10}$ n. KOH verbraucht, so entspräche dies 1 Grammäquivalent HNO_3, also 63 g. 10 ccm $^1/_{10}$ n. KOH entsprechen 63 mg, und die erwähnten 25 ccm entsprechen ca. 160 mg.

Bei 40 Volt Flammenbogenspannung und 3 Amp.-Std. hat man 120 Wattstunden aufgewendet. Diese ergaben 0,16 g HNO_3. 1000 Wattstunden hätten 1,3 g HNO_3 geliefert. In der Technik kommt man aber mit den Hochspannungsbogen bis zu 70 g Salpetersäure.

Tabelle 1.
Internationale Atomgewichte.

Ag	Silber	107,88	N	Stickstoff	14,01
Al	Aluminium	27,1	Na	Natrium	23,00
Ar	Argon	39,88	Nb	Niobium	93,5
As	Arsen	74,96	Nd	Neodymium	144,3
Au	Gold	197,2	Ne	Neon	20,2
B	Bor	11,0	Ni	Nickel	58,68
Ba	Baryum	137,37	Nt	Niton	222,4
Be	Beryllium	9,1	O	Sauerstoff	16,000
Bi	Wismut	208,0	Os	Osmium	190,9
Br	Brom	79,92	P	Phosphor	31,04
C	Kohlenstoff	12,00	Pb	Blei	207,10
Ca	Kalzium	40,07	Pd	Palladium	106,7
Cd	Kadmium	112,40	Pr	Praseodym	140,6
Ce	Cerium	140,25	Pt	Platin	195,2
Cl	Chlor	35,46	Ra	Radium	226,4
Co	Kobalt	58,97	Rb	Rubidium	85,45
Cr	Chrom	52,0	Rh	Rhodium	102,9
Cs	Cäsium	132,81	Ru	Ruthenium	101,7
Cu	Kupfer	63,57	S	Schwefel	32,07
Dy	Dysprosium	162,5	Sb	Antimon	120,2
Er	Erbium	167,7	Sc	Skandium	44,1
Eu	Europium	152,0	Se	Selen	79,2
F	Fluor	19,0	Si	Silizium	28,3
Fe	Eisen	55,84	Sm	Samarium	150,4
Ga	Gallium	69,9	Sn	Zinn	119,0
Gd	Gadolinium	157,3	Sr	Strontium	87,63
Ge	Germanium	72,5	Ta	Tantal	181,5
H	Wasserstoff	1,008	Tb	Terbium	159,2
He	Helium	3,99	Te	Tellur	127,5
Hg	Quecksilber	200,6	Th	Thor	232,4
In	Indium	114,8	Ti	Titan	48,1
Ir	Iridium	193,1	Tl	Thallium	204,0
J	Jod	126,92	Tu	Thulium	168,5
K	Kalium	39,10	U	Uran	238,5
Kr	Krypton	82,9	V	Vanadium	51,0
La	Lanthan	139,0	W	Wolfram	184,0
Li	Lithium	6,94	X	Xenon	130,2
Lu	Lutetium	174,0	Y	Yttrium	89,0
Mg	Magnesium	24,32	Yb	Ytterbium	172,0
Mn	Mangan	54,93	Zn	Zink	65,37
Mo	Molybdän	96,0	Zr	Zirkonium	90,6

Tabelle 2.

Elektrochemische Äquivalente.

Zur Abscheidung eines Grammäquivalentes $\left(\dfrac{\text{Atomgewicht}}{\text{Valenz}}\ \text{in g}\right)$ werden gebraucht: 26,8 Amp.-Stdn. = 96540 Amp.-Sekunden oder Coulombs (1F).

(Notiz für die Abscheidung gasförmiger Produkte: 22,4 Liter ist das Volumen eines Grammoleküls eines jeden Gases bei 0^0 C und 760 mm Hg.) Ein Strom von 1 Ampère scheidet ab:

Abgeschiedener Stoff	in 1 Sekunde	in 1 Minute	in 1 Stunde	in 1 Tage
Silber	1,118 mg	67,08 mg	4,025 g	96,59 g
Kupfer . . .	0,3294 mg	19,76 mg	1,186 g	28,46 g
Wasserstoff . .	0,1160 ccm	6,96 ccm	417,7 ccm	10,025 L.
Sauerstoff . .	0,0580 ccm	3,48 ccm	208,8 ccm	5,010 L.
Knallgas . . .	0,1740 ccm	10,44 ccm	626,5 ccm	15,035 L.

Tabelle 3.

Spezifische Leitfähigkeit ($\varkappa$) einiger wichtiger Lösungen bei 18^0 C.

H_2SO_4 max. $(30^0/_0$ ig) . .   0,7398
$MgSO_4$ max. $(17,4^0/_0$ ig) .   0,04922
NaCl gesättigt $(26,4^0/_0$ ig).   0,2160
$^1/_{10}$ n. CH_3COOH. . . .   0,00046
$^1/_{10}$ n. H_2SO_4   0,0225
$^1/_{10}$ n. HNO_3   0,0350
$^1/_{10}$ n. HCl   0,0351
$^1/_{10}$ n. NaOH   0,0183
$^1/_{10}$ n. KOH   0,0213
$^1/_{10}$ n. CH_3COOK. . . .   0,00838
$^1/_1$ n. KCl   0,09822
$^1/_{10}$ n. KCl   0,01119
$^1/_{100}$ n. KCl.   0,001225
Reinstes dest. H_2O . . $0,04 \cdot 10^{-6}$

Tabelle 4.

Relative Ionenbeweglichkeiten bei unendlicher Verdünnung.

Kationen.	l_k		Anionen.	l_a
$K^{\cdot}$	65,3		Cl'	65,9
$Na^{\cdot}$	44,4		J'	66,7
$Li^{\cdot}$	35,5		$NO_3{}'$	60,8
$NH_4{}^{\cdot}$ . . .	64,2		$ClO_3{}'$	56,2
$Ag^{\cdot}$	55,7		CH_3COO'	33,7
$^1/_2\,Ba^{\cdot\cdot}$ . . .	57,3		$^1/_2\,SO_4{}''$	69,7
$^1/_2\,Sr^{\cdot\cdot}$ . . .	54,4		$^1/_2\,(COO)_2{}''$	63,0
$^1/_2\,Ca^{\cdot\cdot}$ . . .	53,0		OH'	174,0
$^1/_2\,Mg^{\cdot\cdot}$ . . .	49,0			
$^1/_2\,Zn^{\cdot\cdot}$ . . .	47,5			
$H^{\cdot}$	318,0			

$l_a + l_k = \Lambda$. Dementsprechend läßt sich das Äquivalent-Leitvermögen für unendliche Verdünnung, wie es zur Berechnung des Dissoziationsgrades gebraucht wird $\left(\gamma = \dfrac{\Lambda}{\Lambda_\infty}\right)$, additiv aus den Beweglichkeiten bei unendlicher Verdünnung zusammensetzen.

Tabelle 5.

Absolute Wanderungsgeschwindigkeiten der Ionen.

(Die Werte gelten bei einem Potentialgefälle von 1 Volt pro cm und für eine Temperatur von 18⁰ C. und sind ausgedrückt in Zentimetern pro Sekunde.)

H·	0,00352 cm/s	NO_3'	0,00063 cm/s
K·	0,00066 cm/s	Cl′	0,00069 cm/s
Na·	0,00045 cm/s	ClO_3'	0,00057 cm/s
Ag·	0,00057 cm/s	OH′	0,00181 cm/s

Tabelle 6.

Spannungsreihe bzw. Einzelpotentiale in Ionen-normaler Lösung.

(Werte in Volt, gegen die normale Wasserstoffelektrode gemessen.)
(Die eingeklammerten Werte sind berechnet.)

	ε_h		ε_h
K	(— 3,20)	H	± 0
Na	— 2,71	Cu	+ 0,33
Ba	(— 2,82)	As	< + 0,29
Sr	(— 2,77)	Bi	< + 0,39
Ca	(— 2,56)	Sb	< + 0,47
Mg	(— 2,54)	Hg/Hg·	+ 0,775
Al	— 1,28?	Hg/Hg··	+ 0,835
Mn	— 1,07	Ag	+ 0,80
Zn	— 0,77	Pd	< + 0,79
Fe	— 0,46	Pt	< + 0,86
Cd	— 0,42	Au	< + 1,08
Tl	— 0,32	O	+ 0,393
Co	— 0,30	J	+ 0,628
Ni	— 0,25	Br	+ 1,095
Sn	< — 0,19	Cl	+ 1,40
Pb	— 0,12	F	+ 2,0

Normalelektroden.

$$Hg/HgCl \; \frac{1}{1} \, \text{n. KCl} \qquad \varepsilon_h = -0{,}283 - 0{,}0006 \cdot (\vartheta - 18)\,\text{Volt}$$

$$Hg/HgCl \; \frac{1}{10} \, \text{n. KCl} \qquad \varepsilon_h = -0{,}335 - 0{,}0008 \cdot (\vartheta - 18)\,\text{Volt}$$

Tabelle 7.

Zersetzungsspannungen in normaler Lösung.

Salze.			Säuren.		
$ZnSO_4$	2,55	Volt	H_2SO_4	1,67	Volt
$ZnBr_2$	1,80	,,	HNO_3	1,69	,,
$NiSO_4$	2,09	,,	H_3PO_4	1,70	,,
$NiCl_2$	1,85	,,	$CH_2ClCOOH$	1,72	,,
$Pb(NO_3)_2$	1,52	,,	$CHCl_2COOH$	1,66	,,
$AgNO_3$	0,70	,,	$CH_2(COOH)_2$	1,69	,,
$Cd(NO_3)_2$	1,98	,,	$HClO_4$	1,65	,,
$CdSO_4$	2,03	,,	$d - (CHOH \cdot COOH)_2$	1,62	,,
$CdCl_2$	1,88	,,	$CH_3 . CO . COOH$	1,57	,,
$CoSO_4$	1,92	,,	CCl_3COOH	1,51	,,
$CoCl_2$	1,78	,,	HCl	1,31	,,
$CuSO_4$	1,49	,,	HN_3	1,29	,,
			$(COOH)_2$	0,95	,,
Basen.			HBr	0,94	,,
$NaOH$	1,69	,,	HJ	0,52	,,
KOH	1,67	,,			
NH_4OH	1,74	,,			

Tabelle 8.

Überspannung an Metallen für die gasförmige Abscheidung von Wasserstoff und Sauerstoff.

Metall	Überspannung	
	für Wasserstoff	für Sauerstoff
Platin (platiniert)	+ 0,005 Volt	— 0,24 Volt
Gold	+ 0,02 ,,	— 0,52 ,,
Eisen (in NaOH-Lös.)	+ 0,08 ,,	— 0,24 ,,
Platin (glatt)	+ 0,09 ,,	— 0,44 ,,
Silber	+ 0,15 ,,	— 0,40 ,,
Nickel (schwammig)		— 0,05 ,,
Nickel (blank)	+ 0,21 ,,	— 0,12 ,,
Kupfer	+ 0,23 ,,	— 0,25 ,,
Palladium	+ 0,46 ,,	— 0,42 ,,
Cadmium	+ 0,48 ,,	— 0,42 ,, an oxy-
Zinn	+ 0,53 ,,	[diert. Oberfläche
Blei	+ 0,64 ,,	— 0,30 ,,
Zink (in zinkhaltiger Säure)	+ 0,70 ,,	
Quecksilber	+ 0,78 ,,	

Die Überspannungswerte für Sauerstoff sind folgendermaßen zu verstehen: An den genannten Metallen entwickelt sich der Sauerstoff nicht bei dem gegen die Wasserstoffelektrode gemessenen Potential von — 1,23 Volt für die reversible Sauerstoffelektrode, sondern bei Potentialen, die um den genannten Betrag größer sind.

T a b e l l e 9.

EMK einiger Elemente.

1. N o r m a l e l e m e n t e.

Westonelement . . . . 1,0186 — 0,000038 $(\theta - 20)$ Volt
Clarkelement . . . . 1,4328 — 0,00119 $(\theta - 15)$ Volt

2. P r i m ä r e l e m e n t e.

Daniellelement	1,09 Volt
Bunsenelement	2,0 Volt
Chromsäureelement. . . .	1,9 Volt
Leclanchéelement	1,5 Volt
Kupronelement	0,85 Volt

3. S e k u n d ä r e l e m e n t e.

Bleiakkumulator $(H_2SO_4$ spez.
Gew. 1,18) . . . . . . , . 2,05 Volt
Edisonakkumulator. . . . . 1,35 Volt

T a b e l l e 10.

Thermokräfte gegen Konstantan.

Konstantan (60 Proz. Cu und 40 Proz Ni).

Wenn die eine Lötstelle Zimmertemperatur hat und die andere 230^0 heißer ist, verhalten sich die nachfolgenden Stoffe folgendermaßen gegen Konstantan:

	Volt		Volt
Wismut. . . .	— 0,005	Graphit	+ 0,0098
Natrium . . .	— 0,004	Platin	+ 0,0098
Kobalt	+ 0,002	Silber	+ 0,0110
Nickel	+ 0,0035	Messing	+ 0,0112
Tellur-Wismut .	+ 0,005	Gold	+ 0,0113
Blei	+ 0,0070	Kupfer.	+ 0,0114
Zinn	+ 0,0077	Kadmium. . . .	+ 0,0117
Thallium . . .	+ 0,0080	Eisen	+ 0,0128
Magnalium. . .	+ 0,0085	3 Sb, 1 Ni. . . .	+ 0,0140
Zink	+ 0,0090	Cer	+ 0,0168
2 Sb, 1 Tl . . .	+ 0,0092	Zirkon	+ 0,0169
Aluminium. . .	+ 0,0095	Antimon	+ 0,0170
Magnesium. . .	+ 0,0097	122 Sb, 65 Zn . .	+ 0,0450
		Tellur	+ 0,0490

Tabelle 11.

Widerstand, Temperaturkoeffizient, Leitfähigkeit und spez. Gewicht einiger technischer Metalle, Legierungen und Halbleiter.

Sämtliche Werte beziehen sich auf 15° C, also ist

$$W = W_{15}\,[1 + \alpha\,(\theta - 15)].$$

Stoff	Spez. Wid. in Ω $l = 1\,\mathrm{m}$ $q = 1\,\mathrm{mm}^2$	Temp.-koeff. 1000 α	Leitf. $= \dfrac{1}{\text{spez. Wid.}}$	Spez. Gew.
Aluminium gewalzt	0.02874	3,7	34,8	2,70
Blei gepreßt	0,20	3,7	5,0	11,37
Eisen rein, elektrolytisch .	0,10		10,0	7.86
Eisenblech legiert (2% Si) .	0,36		2,8	
Eisentelegraphendraht . . .	0.135		7,4	7,65
Gold	0,022	3,50	45,0	19,32
Graphit und Retortenkohle .	13 bis 100	—0,8 bis — 0,2	0,08 bis 0,01	2,3 bis 1,9
Kadmium	0,068	3,8	14,7	8,6
Kupfer rein	0,0162	4,0	ca. 62	8,913
Kupfer mit ca. 1% As . .	0,065		ca. 15	
Nickel	0,11 bis 0,13	4 bis 3	9,0 bis 7,5	8,9
Osmium	0,095		10,5	
Palladium	0,11	3	9	11,4
Platin	0,094	2,35	10,7	21,5
Quecksilber	0,9532	0,873	1,049	13,55
Silber weich	0,0158	3,6	63,5	10,55
Silber hart	0,0175	3,6	57	10,55
Tantal	0,165	3,0	6.06	16,8
Wismut gepreßt	1,1 bis 1,4	3,5	0,9 bis 0,7	9,8
Zink gepreßt	0,059	3,9	17	7,2
Zinn	0,11 bis 0,14	4,5	9 bis 7	7,3
Messingdraht (30% Zn) . .	0,085 bis 0,065	1,2 bis 2,0	12 bis 15	8,3
Platinrhodium (10% Rh) .	0,20	1,0 bis 1,7	5	21,6
Manganin $\begin{pmatrix}84\% \text{ Cu}\\ 12\% \text{ Mn}\\ 4\% \text{ Ni}\end{pmatrix}$ . . .	0,41 bis 0,46	0,01	2,3	8,4
Konstantan(60% Cu; 40% Ni)	0,488	— 0,005	2,05	8,8
Nickelin	0,41 bis 0,43	0,019 bis 0,021	2,4	8,88
Neusilber	0,38 bis 0,36	0,072 bis 0,073	2,7	8,77
Rheotan	0,47	0,23	2,1	8,55

Tabelle 12.

Tension des Wasserdampfes in mm Hg.

θ	über Wasser	über Natronlauge (15 Proz.)
7	7,5	6,1
8	8,0	6,5
9	8,6	7,0
10	9,2	7,5
11	9,8	8,1
12	10,5	8,6
13	11,2	9,2
14	11,9	9,7
15	12,7	10,4
16	13,6	11,2
17	14,5	11,9
18	15,4	12,7
19	16,4	13,5
20	17,4	14,4
21	18,5	15,3
22	19,7	16,3
23	20,9	17,3
24	22,2	18,4

Formel für die Reduktion eines beliebigen Gasvolumens v (aufgefangen bei der Temperatur θ, bei dem Barometerstand b, über einer Flüssigkeit mit der Wasserdampftension h) auf die Normalbedingungen (Temperatur 0^0 C, Druck 760 mm Hg und Trockenheit);

$$v_0 = v \; \frac{b - h}{760 \left(1 + \dfrac{\theta}{273}\right)}.$$

Tabelle 13.

Liste von Formelzeichen,

aufgestellt durch die Deutsche Bunsen-Gesellschaft und angenommen von dem V. Internationalen Kongreß für angewandte Chemie in Berlin (1903).

Variable.

p, P gewöhnlicher und osmotischer Druck.

v Volumen.

T absolute Temperatur.

θ Celsiustemperatur.

t Zeit.

δ Dichte.

$\varDelta$ Dampfdichte, bezogen auf Luft.

$\pi_0, \varphi_0, \vartheta_0$ kritische Größen (Druck, Volumen, Temperatur).

π, φ, ϑ reduzierte Zustandsgrößen (Druck, Volumen, Temperatur).

Q Wärmemenge.

U innere Energie.

a Atomgewicht $(O = 16)$.

M Molekulargewicht $(O_2 = 32)$.

c spezifische Wärme.

c_p, c_v spezifische Wärme bei konstantem Druck bzw. Volumen.

$\left.\begin{array}{l} C_p = c_p M \\ C_v = c_v M \end{array}\right\}$ Molekularwärme bei konstantem Druck bzw. Volumen.

N Brechungskoeffizient.

$\varkappa$ Leitfähigkeit in reziproken Ohm pro Zentimeterwürfel.

η Konzentration (Grammäquivalente pro Kubikzentimeter).

$\varLambda = \dfrac{\varkappa}{\eta}$ Äquivalent-Leitvermögen.

$\varLambda_\infty$ Äquivalent-Leitvermögen bei unendlicher Verdünnung.

γ Dissoziationsgrad.

K Gleichgewichtskonstante des Gesetzes der chemischen Massen-
wirkung.

E Spannung.

W Widerstand.

I Stromintensität.

ε Einzelpotential, Zersetzungsspannung.

ε_h Potential gegen eine normale Wasserstoffelektrode.

ε_c Potential gegen eine normale Kalomelelektrode.

Konstanten.

R Gaskonstante pro Mol [1]).

A mechanisches Wärmeäquivalent, $41,89 . 10^6$ erg pro 15^0-g-cal.

F Valenzladung (96 540 Coulombs pro Grammäquivalent).

Abkürzungen im Text.

2 n. H_2SO_4 usw. für zweifach äquivalentnormale Schwefelsäure usw.

$H\cdot$, Cl', $Ba\cdot\cdot$ usw. für einfach positiv geladenes H-Ion, einfach negativ
geladenes Cl-Ion, doppelt positiv geladenes Ba-Ion, usw.

Außer diesen international verabredeten Zeichen werden von der
Deutschen Bunsen-Gesellschaft noch als Abkürzungen im Text die nachfolgenden für den Gebrauch in dem Kreise der Deutschen Bunsen-Gesellschaft empfohlen, nämlich:

Mol für Grammolekel.

A für Ampére.

EMK für elektromotorische Kraft.

DC für Dielektrizitätskonstante.

Ferner hat der ständige Ausschuß der Deutschen Bunsen-Gesellschaft
in seiner Sitzung vom 18. Dezember 1909 beschlossen, den Mitgliedern
zu empfehlen, für die Grundgrößen Gramm, Zentimeter und Sekunde
die amtliche Schreibweise, nämlich g, cm und s zu verwenden.

---

[1]) Festgelegt mit $0,8316 . 10^8$ erg oder $0,0821$ Literatmosphären oder
$1,985$ g-cal. Näheres siehe im Bericht der Maßeinheitenkommission, Z. f.
Elektroch. 12, 1.

Tabelle 14.

Verzeichnis der Lösungen und Chemikalien, die für das „Praktikum der Elektrochemie" vorrätig zu halten sind.

1. Normallösungen (ev. zu verdünnen).

$^1/_1$ n. HCl	$^1/_1$ n. $CuSO_4$
$^1/_1$ n. H_2SO_4	$^1/_1$ n. $ZnSO_4$
$^1/_1$ n. HNO_3	$^1/_2$ n. $AgNO_3$
$^1/_1$ n. NaOH	$^1/_{10}$ n. $KMnO_4$
$^1/_1$ n. KOH	$^1/_{10}$ n. $Na_2S_2O_3$
$^1/_1$ n. KCl	17,4 proz. $MgSO_4$-Lösung (max.)

2. Coulometer - Lösungen:

Kupfer, Öttelsche Lösung ⎱ siehe Nr. 1
Blei ⎰ siehe Nr. 26
Knallgas, 15 proz. chlorfreie Natronlauge

3. Raffinationslösungen:

$CuSO_4$ mit As_2O_3 siehe Nr. 23
PbSiF$_6$ mit Gelatine ⎱ siehe Nr. 24
Pb(CH$_3$COO)$_2$ 5 proz. ⎰
$FeCl_2$ mit $CaCl_2$ siehe Nr. 25

4. Galvanische Bäder:

Zinkbad		Kupferbad, sauer	
Nickelbad		Kleinsches Stahlbad	
Bleibad		Ätzbad	
Zinnbad	siehe Nr. 26	Arsenbad	siehe Nr. 27
Kupferbad, zyankalisch		Antimonbad	
Messingbad　　„		Alkal. Bleibad	
Silberbad　　„		Eisenplastikbad (siehe Nr.25)	

5. Elektroanalyse - Lösungen:

enthaltend:	in Form von:	
Cu	$CuSO_4$	
Ni	$NiSO_4(NH_4)_2SO_4$	Im Liter Lösung
Ag + Cu	$Ag_2SO_4 + CuSO_4$	ca. 2 g eines jeden
Bi	$Bi(NO_3)_3$	Metalles. Davon werden
Pb + Cu	$Pb(NO_3)_2 + Cu(NO_3)_2$	bis zu 50 ccm jeweils
Cu + Ni	$CuSO_4 + (NH_4)_2Ni(SO_4)_2$	ausgegeben.
Zn	$ZnSO_4$	

(Ferner Messingdrahtstücke von bekannter Zusammensetzung.)

6. Andere Lösungen.

Ganz halogenfreies dest. Wasser (zu 17)	NH_3
Akkumulatorensäure H_2SO_4 1,18	NaOH 15 proz.
Schwefelsäure spez. Gewicht 1,3	K_2SO_4 gesättigt
verd. H_2SO_4	$CuSO_4$ gesättigt
konz. H_2SO_4	NaCl gesättigt
verd. HNO_3	NaCl 20 proz.
konz. HNO_3	NH_4Cl 10 proz.
verd. HCl	$(NH_4)_2SO_4$ 15 proz.
konz. HCl	Natriumphosphat 10 proz.
verd. CH_3COOH	

Ferro-Ferrisulfat $+ H_2SO_4$ siehe Nr. 10

Oxalsäurelösung mit H_2SO_4, siehe Nr. 11.

Chromisulfat $+ H_2SO_4$-Lösung, siehe Nr. 33.

Ferroammonsulfatlösung ca. $^1/_{10}$ n. siehe Nr. 33 u. 34

Chromsäurelösung $+ H_2SO_4$: Nr. 12

Jodkalilösung für Jodoform: Nr. 35

H_2S - Lösung

$(NH_4)_2S$ - Lösung

$K_4Fe(CN)_6$ - Lösung

$HgCl_2$ - Lösung

$2^1/_2$ proz. Jodkaliumlösung

7. Andere Chemikalien:

Alkohol 96%

Äther

Petroleum

Nitrobenzol

Phenolphthalein

Lackmuspapier blau und rot

Kongopapier

Quecksilber rein

Zinkwolle

Soda kristallisiert

KCl fest

NaCl fest

KJ fest

KCN fest

$FeSO_4(NH_4)_2SO_4$ fest

PbO fest

Pb_3O_4 fest

$K_2Cr_2O_7$ fest

$MgCO_3$ fest

Braunstein gekörnt

Glaspulver

Reiner Seesand

Natriumhydroxyd in Platten (trocken aufbewahren)

Kalziumoxyd und Kohle

8. Platingegenstände:

2 eingeschmolzene Drähte mit kleinen Blechen (zu Nr. 7)

1 Platinblechanode (zu Nr. 32)

1 Platindrahtanode (zu Nr. 34).

1 Platindrahtnetzanode (zu Nr. 35)

5 Platinschalen (mattiert)

4 Platinscheiben bzw. flache Spiralen

3 Platindrahtnetzelektroden

3 lange Platinspiralelektroden (eine davon im Vakuumapparat)

1 kleines Glaskölbchen mit 3 Platinfüßen

1 kleine flache Platinspirale dazu

} zu den Elektroanalysen

Sachregister.

Universitäts-Buchdruckerei von Gustav Schade (Otto Francke) in Berlin und Bernau.